听专家田间讲课

有机蔬菜

生产新技术200问

王立志　刘全国　张春芝　编著

U0256330

中国农业出版社

图书在版编目（CIP）数据

有机蔬菜生产新技术 200 问/王立志，刘全国，张春
芝编著．—北京：中国农业出版社，2017.1（2018.3 重印）
（听专家田间讲课）
ISBN 978 - 7 - 109 - 22245 - 8

Ⅰ.①有…　Ⅱ.①王…　②刘…　③张…　Ⅲ.①蔬菜园
艺-无污染技术-问题解答　Ⅳ.①S63 - 44

中国版本图书馆 CIP 数据核字(2016)第 250745 号

中国农业出版社出版
（北京市朝阳区麦子店街 18 号楼）
（邮政编码 100125）
策划编辑　张　利　郭银巧
文字编辑　张雯婷

北京万友印刷有限公司印刷　新华书店北京发行所发行
2017 年 1 月第 1 版　　2018 年 3 月北京第 2 次印刷

开本：787mm×960mm　1/32　印张：6.625
字数：110 千字
定价：15.00 元
（凡本版图书出现印刷、装订错误，请向出版社发行部调换）

出版者的话

实现粮食安全和农业现代化，最终还是要靠农民掌握科学技术的能力和水平。

为了提高我国农民的科技水平和生产技能，结合我国国情和农民的特点，向农民讲解最基本、最实用、最可操作、最适合农民文化程度、最易于农民掌握的种植业科学知识和技术方法，解决农民在生产中遇到的技术难题，我社编辑出版了这套"听专家田间讲课"系列图书。

把课堂从教室搬到田间，不是我们的创造。我们要做的，只是架起专家与农民之间知识和技术传播的桥梁。也许明天会有越来越多的我们的读者走进教室，聆听教授讲课，接受更系统更专业的农业生产知识，但是"田间课堂"所讲授的内容，可能会给你留下些许有用的启示。因为，她更像是一张张贴在村口和地头的明白纸，让你一看就懂，一学

1

就会。

　　本套丛书选取粮食作物、经济作物、蔬菜和果树等作物种类，一本书讲解一种作物。作者站在生产者的角度，结合自己教学、培训和技术推广的实践经验，一方面针对农业生产的现实意义介绍高产栽培技术，另一方面考虑到农民种田收入不高的实际困惑，提出提高生产效益的有效方法。同时，为了便于读者阅读和掌握书中讲解的内容，我们采取了两种出版形式，一种是图文对照的彩图版图书，另一种是以文字为主插图为辅的袖珍版口袋书，力求满足从事种植业生产、蔬菜和果树栽培的广大读者多方面的需求。

　　期待更多的农民朋友走进我们的田间课堂。

2016 年 6 月

前言

有这么一种蔬菜，身价不菲，拥有"身份证"，它从秧苗长成菜品，没有"喝"过农药，没有"吃"过化肥，消费者还可通过包装盒上的标签，查到它产自哪里、何时播种、何时施肥……它就是富含营养的有机蔬菜。

有机蔬菜是指在蔬菜的生产过程中不允许使用任何化学合成的肥料、农药、除草剂和基因工程制品等物质，而要遵循自然规律和生态学法则，维持农业生态系统持续稳定，经有机认证机构鉴定并颁发有机证书的蔬菜产品。它是利用现代生物学、生态学理论基础，创新性应用现代先进的管理理念和栽培技术生产蔬菜的一种新模式。

随着社会进步和人们生活水平不断提高，人们的环保意识越来越强，对食品安全的要求越来越高，更多的人把需求的目光转向有机食品，使有机蔬菜呈现出巨大的市场潜力和发展空间。由于有机蔬菜的营养成分比普通蔬菜含量高，品质风味更好，安全性高，非常有益于人们的身体健康，因此发展有机蔬菜产业已成为21世纪极具潜力的朝阳产业，正在引领食品消费市场的新时尚，显示出巨大的市场潜力。

当前很多蔬菜种植地悬挂有机蔬菜基地的牌子，认为只要不施化肥、不使用化学农药就是有机蔬菜，对于到底什么叫有机蔬菜，如何生产有机蔬菜却不知所云。

有机蔬菜生产程序如木桶盛水"短板效应"原理，哪一程序出现问题，结果就会影响有机蔬菜产品质量和经济效益。

本书是实用性和可操作性强的一本关于有机蔬菜认证、种植、销售策略、质量保证技术指南。内容涵盖有机蔬菜认知、有机蔬菜证书认证、有机蔬菜基地选择、有机蔬菜种苗选择与育苗技术、有机蔬菜生产环境控制、有机蔬菜施肥技术、有机蔬菜病虫害防控技术、有机蔬菜采收及采后管理技术、有机蔬菜企业各项标准化生产制度等关键环节指导和黄瓜、番茄、芽球菊苣、生菜、韭菜、大白菜、香菜等的有机生产技术。

本书可供有机蔬菜生产管理、生产技术员、广大消费者参考。

编著者
2016 年 8 月

目录
MU LU

第二部分 有机蔬菜生产技术基础 / 29

第三部分 现代物理农业装备技术在有机
蔬菜生产上的应用 / 93

第四部分　有机蔬菜采收、预处理与
　　　　　包装 / 118

第五部分　有机蔬菜基地管理
　　　　　制度与运作　/ 130

第六部分　常见有机蔬菜种类
　　　　　生产技术 / 141

第一部分
有机蔬菜认知与有机蔬菜认证

1. 什么是有机蔬菜？

在蔬菜生产过程中严格按照有机生产规程，不使用任何化学合成的农药、化肥、除草剂、生长调节剂等物质以及基因工程获得的生物。该蔬菜遵循自然规律和生态学原理，采取一系列可持续发展的农业技术，协调种植平衡，维持农业生态系统持续稳定，且经过有机食品认证机构鉴定认证，并颁发有机食品证书的蔬菜产品。

2. 有机蔬菜与一般蔬菜相比，好在哪里？

（1）安全放心。有机蔬菜在种植过程中使用非化学药剂防治病虫害，施用的肥料是有机肥，属于那种纯天然、无添加剂，没有残留农药和人工合成化肥的危害，不使用激素和任何基因改造生物及其衍生物。相对于普通蔬菜，吃起来更加安全，放心。

（2）营养价值高。有机蔬菜生长在无污染的环境中，对培植所使用的水质与土壤的要求更为严格。所含的维生素 C 以及其他的矿物质含量也要远高于普通蔬菜。相对而言，营养价值更丰富。

（3）口感好。有机蔬菜比一般蔬菜含水量低，这就直接影响了蔬菜的味道。含水量越低的蔬菜，吃起来相对味道越好，更爽脆可口。

3. 蔬菜种植时不使用化学农药和化肥就是有机蔬菜吗？

不一定。有机蔬菜在整个生产过程中都必须按照有机农业的生产方式进行，也就是在整个生产过程中必须严格遵循有机食品的生产技术标准，即生产过程中完全不使用农药、化肥、生长调节剂等化学物质，不使用转基因工程技术，同时还必须经过独立的有机食品认证机构全过程的质量控制和审查。所以有机蔬菜的生产必须按照有机食品的生产环境质量要求和生产技术规范来生产，以保证它的无污染、富营养和高质量的特点。

4. 蔬菜生产企业怎样能够获得有机蔬菜证书？

蔬菜生产企业要获得有机蔬菜生产证书需要按照如下程序进行：申请准备→文件审核→实地检查→编写检查报告→综合审查评估→颁证决定→有机食品标志的使用→保持认证，才能获得有机蔬菜证书。

（1）申请准备。

① 申请人登陆有机蔬菜认证机构网站，下载填写有机食品认证申请书和有机食品认证调查表，下载有机食品认证书面资料清单并按要求准备相关材料。

② 申请人向分中心提交有机食品认证申请书、有机食品认证调查表以及有机食品认证书面资料清单要求的文件。

③ 申请人按有机产品（GB/T 19630.4—2011）国家标准第 4 部分的要求，建立本企业的质量管理体系、质量保证体系的技术措施和质量信息追踪及处理体系。

（2）文件审核。

① 分中心将企业申报材料提交给认证中心。

② 认证中心对申报材料进行文件审核。

③ 审核合格，认证中心向企业寄发受理通知书、有机食品认证检查合同（以下简称为检查合同）并同时通知分中心。

④ 认证中心根据检查时间和认证收费管理细则，制订初步检查计划和估算认证费用。

⑤ 当审核不合格，认证中心通知申请人且当年不再受理其申请。

⑥ 申请人确认受理通知书后，与认证中心签订检查合同。

⑦ 根据检查合同的要求，申请人交纳相关费

用，以保证认证前期工作的正常开展。

（3）实地检查。

① 企业寄回检查合同及缴纳相关费用后，认证中心派出有资质的检查员。

② 检查员应从认证中心或分中心处取得申请人相关资料，依据本准则的要求，对申请人的质量管理体系、生产过程控制体系、追踪体系以及产地、生产、加工、仓储、运输、贸易等进行实地检查评估。

③ 必要时，检查员需对土壤、产品抽样，由申请人将样品送指定的质检机构检测。

（4）编写检查报告。

① 检查员完成检查后，按认证中心要求编写检查报告。

② 检查员在检查完成后两周内将检查报告送达认证中心。

（5）综合审查评估意见。

① 认证中心根据申请人提供的申请表、调查表等相关材料以及检查员的检查报告和样品检验报告等进行综合审查评估，编制颁证评估表。

② 提出评估意见并报技术委员会审议。

（6）颁证决定。认证决定人员对申请人的基本情况调查表、检查员的检查报告和认证中心的评估意见等材料进行全面审查，做出同意颁证、有条件颁证、有机转换颁证或拒绝颁证的决定。证书有效期为1年。

① 同意颁证。申请内容完全符合有机食品标准，颁发有机食品证书。

② 有条件颁证。申请内容基本符合有机食品标准，但某些方面尚需改进，在申请人书面承诺按要求进行改进以后，亦可颁发有机食品证书。

③ 有机转换颁证。申请人的基地进入转换期1年以上，并继续实施有机转换计划，颁发有机转换基地证书。从有机转换基地收获的产品，按照有机方式加工，可作为有机转换产品，即"转换期有机食品"销售。

④ 拒绝颁证。申请内容达不到有机食品标准要求，技术委员会拒绝颁证，并说明理由。

（7）有机食品标志的使用。根据证书和《有机食品标志使用管理规则》的要求，签订有机食品标志使用许可合同并办理有机食品商标的使用手续。

（8）保持认证。

① 有机食品认证证书有效期为1年，在新的年度里，有机食品认证机构会向获证企业发出保持认证通知。

② 获证企业在收到保持认证通知后，应按照要求提交认证材料、与联系人沟通确定实地检查时间并及时缴纳相关费用。

③ 保持认证的文件审核、实地检查、综合评审、颁证决定的程序同初次认证。

5. 现在有机蔬菜认证比较权威的认证机构有哪些?

目前有机蔬菜认证比较权威的认证机构有中国OFDC、日本 JONA、欧盟 BCS、美国 OCIA 等大型有机蔬菜认证机构。

(1) 中国 OFDC。我国最具权威性的有机食品认证机构是国家环境保护总局有机食品发展中心(OFDC)。是中国有机产品事业的发起机构,目前在全国设有 23 个省级分中心和办公室。OFDC 获得了国际有机运动联盟 (IFOAM) 的认可,依据《OFDC 有机认证标准》认证的有机产品可以直接或通过互认的形式进入多个国际市场。

(2) 日本国家有机标准 (JAS) 认证。依据日本有机 JAS 标准进行认证,获得认证的有机产品可直接出口到日本。

(3) 欧盟 BCS。BCS 是一个对有机食品项目进行检查和认证的专门机构,总部设在德国。目前全球拥有超过 100 000 个有机农场和 800 个有机进出口商在其处进行认证。同时在欧洲、美国和日本等国也享有很高的威望。

(4) 美国国家有机标准认证。依据美国国家有机标准 (NOP) 实施有机认证,获得认证的有机产品可直接出口到美国,以及其他认可 NOP 标准的国家和地区。

（5）加拿大国家有机标准认证。依据加拿大有机标准实施有机认证，获得认证的有机产品可直接出口到加拿大，并通过加—美有机等效协议进入美国市场，同时在有机产品包装上可使用加拿大/美国的有机标志。

6. 有机蔬菜生产有多难？

同种植常规蔬菜相比，有机蔬菜不能使用化学农药、化肥、生长调节剂，也不能使用基因工程生物及其产物。除此之外，生产管理的其他方面没有多大区别。所以，有机蔬菜并不难种。当然，由于要人工防治某些病虫草害，要增施有机肥料，所以相对增加了劳动量。只要劳动力充足，就可以种植。

7. 一般蔬菜种植户能够生产有机蔬菜吗？

有机蔬菜对种植地块质量、田间管理都有一定的要求，小面积的地块无法与相邻地块及周边污染源有效隔离，易受到周围田块施肥、打药、浇水等管理措施的影响，降低蔬菜质量。所以，一家一户小面积种植有机蔬菜是不可行的，必须要达到一定规模，一般基地面积要求在 300 亩* 以上。

---

* 亩为非许用单位，1 亩≈667 m²。——编者注

8. 如何辨别有机蔬菜?

（1）凭口感。你可以从有机蔬菜中吃到"生命力"。有机蔬菜吃起来清脆，它给你感觉就是新鲜，即使是烹调后，还是会有不一样的感觉，这不是蔬菜经过处理可以制造出来的口感。

（2）认门店。选购有机蔬菜要选择正规的门店，到有机食品店或者正规超市购买。市场摊贩的蔬菜来源经常变换，并不稳定。如果对有机蔬菜了解不多，建议你去有信誉的有机食品店购买。超市也是不错的选择，有时超市会因为大宗采购，价格比有机食品店便宜。

（3）看认证。选购时要注意蔬菜包装上的有机认证标志。我国最具权威性的有机食品认证机构之一是国家环境保护总局有机食品发展中心（OFDC）。在我国，有机食品在认证方法上结合了实地检查认证和产品抽样检测的方式。有机食品的认证重点是农事操作的真实记录和生产资料购买及应用记录等，自2012年7月1日起生产的有机包装食品系列都有可追溯码。

（4）看包装。注意包装袋上是否明确标示生产者及验证单位之相关资料（名称、地址、电话）等，可以依据这些资料到相关网站或者相关部门查询。

9. 有机蔬菜和绿色蔬菜有什么区别？

（1）标准不同。有机蔬菜种植需要经过至少 3 年土壤改良的"转换期"，其种植过程中绝对不允许使用任何农药、添加剂、化肥等化学物质，不使用基因工程技术，同时还必须经过独立的有机食品认证机构全过程的质量监控和审查，允许使用有机肥料，主要用于基肥，而用防虫网或生物农药及其他非化学手段防治病虫害。绿色蔬菜种植无须经过土壤改良，允许使用少量农药、添加剂、化肥等化学物质，上述物质的残留量在国家规定范围内的可称为绿色产品。

（2）认证机构不同。中国最具权威性的有机蔬菜认证机构是国家环境保护总局有机食品发展中心；绿色蔬菜的认证机构是中国绿色食品发展中心。

（3）认证方法不同。在我国，有机蔬菜在认证方法上结合了实地检查认证和产品抽样检测的方式。有机蔬菜的认证重点是农事操作的真实记录和生产资料购买及应用记录等。绿色蔬菜的认证则以产品抽样检测为主要的检测方式。

10. 有机蔬菜种植特点是什么？

（1）有机蔬菜种植需要传统农业技术。有机农业主要靠有机肥和豆科作物及绿肥来提供养分和恢复地力。通过选用抗病、抗虫品种、培育壮苗、培肥土壤、加强栽培管理、中耕除草、清洁田园、轮作倒茬、间作套种、多样种植、及应用植物性农药、无机杀虫菌剂等一系列措施防治病虫草害。

（2）有机蔬菜种植需要更多的劳动力。蔬菜种类多、生产技术复杂、工作难度大，属典型的劳动密集型产业。而有机蔬菜生产不允许使用化肥农药，需要使用有机肥，广泛应用农作物秸秆、农家肥，合理间作轮作，采用农业与生物措施防治病虫害等，这就需要更多的劳动力，使得有机蔬菜成为劳动更加密集的产业。

（3）有机蔬菜种植是一个系统工程。有机蔬菜不仅仅关注最终产品，更强调过程管理，强调产、供、销一体化和生产的标准化、规范化，实行"从产地到餐桌"的全程质量控制，要求各环节相互协调、相互平衡。此外，有机生产把产品信誉放在首位，为保证产品质量，有机蔬菜要求严格执行标准、严格检查、严格质量和市场监督，更注重系统化管理。

（4）有机蔬菜种植是生态效益、社会效益和经济效益相统一的产业。有机蔬菜的生产成本比一般的蔬菜高，但一般蔬菜生产成本计算往往不包含那些被人忽略的社会成本，包括农药的规定和测试、有害残留物的处置和清除以及对生态环境的损害等。因此，有机蔬菜重视环境保护，外来物质投入少，产品价格高，同时有机蔬菜生产能够吸纳更多的劳动力，促进就业，提高农民收入，达到生态效益、社会效益和经济效益的统一。

11. 有机蔬菜的产量高吗？

由于有机蔬菜在生产过程中不使用化肥，而是使用畜禽粪便等有机肥料来培肥地力，所以蔬菜产量与普通蔬菜相比低一些。但有机蔬菜营养物质含量高，食用安全，质量优良，市场价格高于普通蔬菜。

12. 生产有机蔬菜的环境标准是什么？

有机农业种植生产基地对空气、水、土壤的质量要求较高，要求无污染，适合作物的生长。首先，要求种植基地远离闹市区、工厂以及交通路桥等污染源，一般要求要在污染源的上风口，避免空气污染对作物造成影响。其次，种植基地要建立在城市或工厂水源的上游，避免城市生活污水或工业污水排放对有机种植区域灌溉水质的影响，要求要对水质进行定期的检测，使重金属等重要指标控制在规定的范围内。再次，要选择土壤较为肥沃的地段作为种植基地。

如果有机生产基地周边没有可能对生产基地产生水、土壤、大气污染的工矿企业、不靠近交通要道、没有生活垃圾场，基地的土壤、灌溉用水和大

气经过环保部门检测后，土壤环境质量至少达到
GB 15618—2008 中的二级标准，农田灌溉用水水
质符合 GB 5084—2005 的规定，环境空气质量至
少达到 GB 3095—2012 中二级标准规定，则可以
进行有机生产。

13. 如何查询蔬菜产品是否是有机蔬菜产品？

中国国家认证认可监督管理委员会（以下简称
国家认监委）发布公告规定：所有的有机蔬菜上
市，最小的独立包装上除了贴有机认证标签、认证
单位等之外，还要贴有机识别码，即追溯编码。一
件商品（即最小包装）对应一个唯一追溯码。新型
有机码全国统一样式，为蓝顶、白底，中间有即刮
即查 17 位追溯码的椭圆形徽标。这个识别码是国
家认监委根据企业的产品数量和类别定额下发的，
消费者可以根据这个编码在国家认监委网站上查询
真伪，可查到蔬菜出自哪家公司、哪个基地，消费
者还可以前往实地考察。刮开编码后登录国家认监
委查询系统，输入产品有机码和验证码即可获得所
购有机食品的产地、规格等信息。

14. 什么是有机码？

为保证有机产品的可追溯性，国家认监委要求

认证机构在向获得有机产品认证的企业发放认证标志或允许有机生产企业在产品标签上印制有机产品认证标志前，必须按照统一编码要求赋予每枚认证标志一个唯一编码，该编码由 17 位数字组成，其中认证机构代码 3 位、认证标志发放年份代码 2 位、认证标志发放随机码 12 位，并且要求在 17 位数字前加"有机码" 3 个字。每一枚有机标志的有机码都需要报送到"中国食品农产品认证信息系统"，任何个人都可以在该网站上查到该枚有机标志对应的有机产品名称、认证证书编号、获证企业等信息。

（1）认证机构代码（3 位）。认证机构代码由认证机构批准号后 3 位代码形成。内资认证机构为该认证机构批准号的 3 位阿拉伯数字批准流水号；外资认证机构为：9＋该认证机构批准号的 2 位阿拉伯数字批准。

（2）认证标志发放年份代码（2 位）。采用年份的最后 2 位数字，例如 2016 年为 16。

（3）认证标志发放随机码（12 位）。该代码是认证机构发放认证标志数量的 12 位阿拉伯数字随机号码。数字产生的随机规则由各认证机构自行制定。

15. 如何查找有机码？什么是二维码？

对于加贴的有机产品认证标志（含有机转换产

品认证标志)，"有机码"采用暗码形式标注在有机产品认证标志旁，刮开涂层即可获取。对于在产品标签或零售包装上印制的有机产品认证标志（含有机转换产品认证标志），"有机码"采用明码形式标注"有机码"字样旁。

二维码是一种利用特定的几何图形记录数据符号等信息的方式，通常可以记录网址、文字、照片等信息，手机用户可以通过摄像头和解码软件将相关信息重新解码并查看内容。通过二维码链接浏览互联网内容时，除上网流量外，不会产生其他费用。

16. 有机蔬菜对生产基地有哪些基本要求？

（1）完整性。有机蔬菜基地的土地应是完整的地块，其间不能夹有进行常规生产的地块，但允许夹有有机转换地块；有机蔬菜基地与常规地块交界处必须有明显标记，如河流、山丘、人为设置的隔离带等。

（2）转换期。由常规生产系统向有机生产转换通常需要2年时间，其后播种的蔬菜收获后，才可作为有机产品；多年生蔬菜在收获之前需要经过3年转换时间才能作为有机产品。转换期的开始时间从向认证机构申请认证之日起计算，生产者在转换期间必须完全按有机生产要求操作。经1年有机转换后的田块中生长的蔬菜，可以作为有机转换产品销售。

（3）缓冲带。如果基地的有机地块有可能受到邻近的常规地块污染影响，则在有机和常规地块之间必须设置缓冲带或物理障碍物，保证有机地块不受污染。不同认证机构隔离带的要求不同，如我国OFDC认证机构要求8 m，德国的BCS认证机构要求10 m。

（4）灌溉用水质量要求。必须符合《农田灌溉水质标准》（GB 5084—2005）；有机地块的排灌系统与常规地块应有有效的隔离措施，以保证常规地块的水不会渗透或漫入有机地块。

（5）土壤质量要求。按照国家《土壤环境质量标准》（GB 15618—2008），土壤至少要达到二级标准。

（6）环境空气质量要求。在周围存在潜在的大气污染源的情况下，要按照《环境空气质量标准》（GB 3095—2012）对大气质量进行监测。选择的基地要充分考虑周边环境对基地产生的潜在影响，远离明显的污染源如化工厂、水泥厂、石灰厂、矿厂等。

17. 有机蔬菜基地规划实施包括哪些方面？

（1）人员培训。农业生产技术人员与生产人员了解并掌握有机蔬菜的生产原理与生产技术、基地建设的原理与方法，是有机蔬菜成功开发的关键。因此，必须由有机蔬菜专业人员和生态工程专业人员以及相应种植领域的专家召集基地管理、技术人员、生产人员进行以下几方面的培训：有机蔬菜与有机产品的基础知识；有机农产品生产、加工标准；有机蔬菜的基本原理、一般模式及相关技术；国内外有机蔬菜发展状况；有机蔬菜检查认证的要求与申请有机认证的程序；有机蔬菜的营销策略。

（2）基地规划与生产技术方案的实施与监督。基地必须建立起专职部门负责实施规划与生产技术方案，以保证各项措施能够及时落实。

（3）基地申请有机认证。基地开始有机生产后，应及早向有机认证机构申请有机蔬菜的检查与认证，做好接受检查的各项工作，使基地能够顺利通过检查并获得有机蔬菜生产转换证书或有机蔬菜证书。

（4）销售有机蔬菜。有机蔬菜获得认证后，其证书就是进入国内外有机蔬菜市场的通行证。但有了证书并不意味着产品销售就没问题，就能以高于常规产品的价格出售。为了顺利地出售有机蔬菜，需要在生产的同时制订一个切实可行的销售方案，不要等产品收获后再找市场。

（5）有机蔬菜质量控制。有机蔬菜基地执行全过程质量控制系统，是保障蔬菜质量的重要手段。全过程质量控制系统包括外部质量控制、内部质量控制和内部跟踪审查三方面内容。

18. 有机种植基地的转换期是如何计算的？从什么时候算起？

准备用于有机农业种植的土地不可能完全符合有机种植的要求，需要通过种植一段时间的有机作物后，将土壤转变为完全符合有机农作物种植的条件，这段缓冲的时间称之为种植转换期。

转换期的开始时间从提交认证申请之日算起。有机管理系统的建立，土壤肥力的维护，农场生态环境的建设等，都需要一个过渡的时期，才能从常规生产转换为有机生产，这些工作需要在转换期中完成。生产者在转换期间必须完全按有机生产要求操作。经1年有机转换后生长的蔬菜，可作为有机转换产品销售。

一年生蔬菜的转换期一般不少于24个月，多年生蔬菜的转换期一般不少于36个月。新开荒的、长期撂荒的、长期按传统农业方式耕种的或有充分证据证明多年未使用禁用物质的农田，也应经过至少12个月的转换期。转换期内必须完全按照有机农业的要求建立有效的管理体系。

已通过有机认证的农场一旦回到常规生产方式，则需要重新经过相应的有机转换期后才有可能再次获得有机颁证。

19. 转换期内是否可以不按照有机农业的要求进行管理?

转换期内也必须完全按照有机农业的要求进行管理,从转换开始,就要严格按照有机农业生产的要求进行有机生产。

20. 有机种植时需要设有缓冲地带,什么是缓冲带?

缓冲带是在有机和常规地块之间有目的设置的、可明确界定的用来限制或阻挡邻近田块的禁用物质漂移的过渡区域。

如果有机生产区域有可能受到邻近的常规生产区域污染的影响,则在有机和常规生产区域之间应当设置缓冲带。建立的缓冲带是为了保证有机生产地块不受邻近地块的污染。如防止在邻近常规地块喷洒的禁用物质漂移到有机地块,防止邻近地块受到污染的水流入有机地块。

21. 野菜是有机蔬菜吗?

有人认为,野菜在天然的环境中自然生长,既不施肥、也不打农药,就是有机蔬菜。这种认识是错误的。

野菜生长的土壤如果处在工矿区或有生活污染物区域，就很可能含有毒有害物质。如果生长所需水源来自工业废水、生活污水或被污染的河塘，也含有毒有害物质。如果周边有厂矿废气排放或靠近主要公路，空气中的有害气体尘埃也会被野菜吸收。"三废"污染区的植物产品是不能称为有机农产品的。一些野菜本身含有毒素，不经处理或大量食用也会引起中毒。因而不能将野菜通称为有机蔬菜。它们中只有与有机蔬菜生产环境要求一致的地区长出的野菜才可能是有机蔬菜。

22. 为什么有机蔬菜的价格要高于常规蔬菜？

有机蔬菜价格高，和生产成本有很大关系。慢，是有机农业的一大特点。禁用化肥，蔬菜生长慢；禁用化学农药，杂草、害虫和病害除得慢；在整个生态系统，用生物技术来控制害虫，用动物粪便给土地供肥，还有间作和轮种等种植方式，促进作物的生长。有机生产还有不少额外支出。拿到土地后，要投入土壤改良的经费和固定资产等，土壤改良 3 年期间，几乎没有回报；人工除草和有机施肥需要投入较多劳力。蔬菜运输损耗很大，有机生产者还会淘汰那些品相不好的蔬菜，这些成本都会被转移到商品价格中。这是造成有机蔬菜比较贵的最根本的原因。

23. 在日常生活中哪些人更需要吃有机蔬菜?

(1) 儿童。农药化肥等化学物质会对儿童造成身体免疫力下降,神经系统损害。而滥用激素则会加速儿童早熟,不规律发胖,损害心肺功能,内分泌紊乱、儿童骨骼过早闭合。有机蔬菜避免了这一系列问题发生的可能性,促进儿童健康成长。

(2) 孕妇。有机蔬菜含有丰富的维生素与矿物质,可以为胎儿生长及孕妇自身提供良好的营养素来源。而普通蔬菜中的农药化肥等可使胎儿生长缓慢,影响胎儿正常发育,更严重的还可能造成胎儿畸形,甚至流产等可怕后果。

(3) 老年人。老年人膳食需要保证充足新鲜的蔬菜,安全无污染的高品质有机蔬菜是他们健康生活的保障。

(4) 上班族。食用有机蔬菜不光是对健康关注的表现,更是一种绿色的生活态度。有机生活节约资源与能源,低耗能生活,健康、和谐、可持续性强。

最初吃有机蔬菜是没什么感觉的,但是当吃了一段时间,如半年以上,相信大家对于有机蔬菜和普通蔬菜就有清楚的分别了。

24. 有机蔬菜基地建设原则是什么？

（1）因地制宜原则。进行有机蔬菜生产基地设计的基本原则，应紧紧围绕当地的自然、社会和经济条件选择种植的作物品种、基地类型等。

（2）生态学原则。有机蔬菜生产基地的建设要遵循生态工程的整体、协调、自生及再生循环等理论，按预期目标调整复合生态系统的结构和功能，连接不同成分和生态系统，形成互利共生网络，分层多级利用物质、能量、空间和时间，促进系统良性循环，以达经济、生态和社会的综合效益。

（3）产业化经营原则。有机蔬菜有其专门的市场，如何将产品成功地打入这个特有的市场，就需要产业化经营的思路。通过几年的实践探索，有机蔬菜基地已经出现了公司租赁经营、农民协会或合作社等产业化经营模式。

25. 有机蔬菜基地规划的内容是什么？

首先要对基地的基本情况进行调查，了解基地最近 3 年的生产史、种植蔬菜品种的生物学习性、有关有机蔬菜生产的方法、基地气候条件、土地情况、基地周边环境、资源状况及社会经济条件、地区行政管理方式、常规生产园向有机生产园转换遇到的问题。在了解基地基本情况的基础上，制订具体的发展规划及生产技术方案。

规划的内容包括：蔬菜种植方法及相应的管理方法；有机土壤培肥方案；病虫害防治办法；控制水土流失，保持基地生态平衡；建立天敌的栖息地和保护地，维护生物多样性；蔬菜的质量管理、收获及运输；基地经营模式；基地的保障措施，如技术保障、资金投入等；蔬菜产品的检查认证计划；营销策略规划等。

26. 有机蔬菜基地按照 OFDC 标准，有机生产计划应包括哪几方面？

（1）采用轮作的方式保证土壤肥力，减少对外源肥料的依赖。

（2）制订有效的基地生态保护计划，保护所属场地植物和动物的多样性。

（3）制订和实施切实可行的土地培肥计划，提高土壤有机质含量及生物活性。

（4）利用农业措施、生物、生态和物理措施控制蔬菜病虫害的发生。

27. 有机蔬菜基地怎样进行生产管理？

有机蔬菜生产基地要建立专门的管理机制，保证基地完全按照有机农业标准进行生产，防止有机蔬菜与常规生产的蔬菜混淆，保证有机蔬菜在加工、贮存、运输和销售中不受污染。对基地管理人员进行专门培训，并对有机蔬菜生产过程建立严格的文档记录。

进行有机生产应根据当地的生产情况，制订并实施非多年生蔬菜的轮作计划，以保持和改善土壤肥力，减少病虫害和杂草的危害。

有机生产重视全过程质量控制，进行有机生产应做好详细的生产和销售记录。

28. 有机蔬菜基地内部质量管理控制体系是怎样的？

进行有机生产首先要建立内部质量控制体系，建立良好的内部质量控制体系是有机生产认证对有机蔬菜生产基地建设的基本要求。

建立质量管理体系。即建立由主要负责人至管理人员，再至生产人员代表的质量管理小组，并制订有机生产基地生产管理方案，监督其生产全过程严格遵守有机生产标准，与农户签订相应的质量保证合同与产品收购合同等。

建立完整的质量跟踪审查体系（文档记录体系）。文档记录内容应包括：生产基地或加工、贮藏等场所的位置图；形成文件的有机生产和加工的方针和目标，有机生产和加工管理手册；形成文件的规程和程序；有关记录等。

通过基地地块分布图、田块种植史、农事日记以及投入、产出、贮藏、运输和销售详细记录，产品标贴、产品批号等保证能从产品追踪到蔬菜生产地块，从而保证产品有机质量的完整性。其产品统一加工和销售，要有内部检查员，并制定违反标准的惩罚制度等。

除质量控制外，质量教育也是保证有机生产基地有机产品质量的重要手段，只有当有机生产、加工等各个环节具体操作人员具备很好的质量意识，不断学习与领会有机生产的理论，在有机生产实践中积累技术与管理方面的经验，质量控制措施才能有效实施。

29. 有机蔬菜基地为什么要对生产技术人员培训？

生产者的业务水平、文化素质和对有机生产的认识程度将决定有机蔬菜发展的进程。

有机蔬菜生产是对现代常规农业的挑战，它是劳动、知识与技术集约型的农业，且有机生态工程涉及技术面更广，使生产技术人员与生产人员了解并掌握有机生产原理与生产技术、有机生态工程建设原理与方法是有机蔬菜生产成功实施的关键。因此必须由有机蔬菜生产专家，在有机蔬菜生产基地召集与有机蔬菜生产、加工相关的技术人员和生产人员进行包括标准、技术、管理及销售在内的全方位培训，只有当生产者确实具备有机生产和生态工程的意识与知识，消除对有机生产的误解并掌握相应技术后，有机蔬菜生产基地建设才能顺利进行。

有机生产的成功转换，首先在于生产者意识与思想观念的转换。当他们能够摆脱常规农业生产的思路，用有机农业生产原理与技术方法指导其生产行为时，转换成功率则高，因此有机蔬菜生产基地建设一定要重视对生产者的培训和技术人才的培养。培训是对人管理的开始，从事有机蔬菜生产的管理者、技术参与者和实施者都必须了解有机生产的原理和标准，掌握有机蔬菜生产的关键技术，在思想上接受有机生产，在行动上严格按照有机生产的技术标准进行生产。

30. 有机蔬菜基地应怎样对生产技术人员培训？

对人员进行培训时应采用三级培训制度，所谓三级培训制度，是指分 3 个层次进行培训。第一层次由专门从事有机生产的专家或研究人员对基地的管理者进行有机生产的原理、标准、市场和发展概况的一般性培训；第二层次是对基地生产技术人员进行专业技术培训，使之掌握有机蔬菜生产的原理和先进的生产技术；第三层次是对从事有机蔬菜生产的人员进行实际操作技能的培训，培训以实用技术和解决实际问题为主。

31. 有机蔬菜基地运作机制有哪些？

为提高产业化水平，促使企业、农户形成"利益共享、风险共担"的经济共同体，推行4种行之有效的利益联结机制：

(1) 股份制合作社模式。以"土地入股，集约经营，小段定额，收益分红"为特征，既有效解决了一家一户分散经营存在的技术障碍、标准质量问题，实现了加工龙头与有机基地更加紧密地衔接，又在不违背土地承包政策的前提下，推进了土地的适度规模经营和农民的组织化程度，收到了龙头企业放心、集体收入牢靠、群众收入增长的多重效应。

(2) 专业协会模式。对以农户为单位种植有机蔬菜的基地，充分发挥乡镇农技推广中心、村集体的作用，由他们牵头成立有机蔬菜协会，负责基地服务和管理。这种模式将企业、农技推广组织、村集体和农民密切联结在一起，使多方面的资源得到整合共享，既是一种新型的组织管理模式，又是农技推广机制的创新，拓宽了服务领域，增强了服务能力。

(3) 企业自主经营模式。企业与农户签订土地租赁合同，获得土地经营权，直接发展基地。公司制订年度种植计划，雇用当地群众种植有机菜，由公司发放工资。这种模式投资少、风险小、易于群众接受，也便于企业管理基地，提高产品质量。

（4）家庭农场模式。家庭农场是现代农业的发展方向。为了把种植大户具有的资金、技术、信息优势发挥好，积极引导种植大户涉足有机蔬菜，发展家庭农场。

32. 蔬菜生产企业，要进行有机蔬菜认证，需要提供哪些文件？

根据《有机产品认证实施规则》的规定，应向有机认证机构提交下列材料：

（1）申请者的合法经营资质文件，如营业执照、土地使用证、租赁合同等。

（2）申请者及有机生产、加工的基本情况，如申请者名称、地址和联系方式，生产、加工规模，包括品种、面积、产量、加工量等描述。

（3）产地（基地）区域范围，包括地理相关信息。

（4）申请认证的有机产品生产、加工、销售计划。

（5）产地（基地）、加工场所有关环境质量的证明材料。

（6）有关专业技术和管理人员的资质证明材料。

（7）保证执行有机产品标准的声明。

（8）有机生产、加工的质量管理体系文件。

（9）其他相关材料。

第二部分
有机蔬菜生产技术基础

33. 如何确认购买的种子是符合有机标准要求的?

在购买种子的时候,要查看种子包装袋,种子实物等进行判断。当拿到种子的时候,首先确认种子是有机的吗? 如果是,则查看是否有有机证书,如果有,则是有机种子,可以使用。如果不是,种子是转基因的吗? 如果是,则不能使用。如果不是,种子经过了禁用物质加工吗? 如果是,则不能使用。如果不是,则该种子既不是转基因的,也没有经过禁用物质处理,则可以使用。

34. 有机蔬菜生产对种子、种苗的要求是什么?

有机蔬菜的种子、种苗须符合 3 个基本要求:一是不具有基因工程生成的转基因成分;二是不采用禁用的物质进行处理;三是具有较强的抗病虫性。

种子、种苗和植物材料应获得有机认证。在没有有机种子、种苗的情况下可选用未经禁用物质处理过的常规种子或种苗。所选择的蔬菜种类及品种应适应当地的土壤和气候特点，对病虫害有抗性。在品种的选择上要充分考虑基因多样性。不允许使用任何通过基因工程获得的种子、花粉或种苗等。

35. 有机种植过程中是否可以使用转基因种子和种苗？

有机种植过程中禁止使用包含有转基因成分的种子和种苗,有机农场禁止种植转基因作物。

36. 生产有机蔬菜怎样选购优良种子？种子在播前应怎样处理？

种植有机蔬菜,品种选择极其重要。应根据市场需求,选择适应当地土壤与气候环境生长,并具有抗病、抗逆性强,高产、优质特性的蔬菜品种。购买种子时,首先应选择有机种子,当从市场上无法获得有机种子,可以选用未经禁用物质处理过（如种子包衣）的常规种子,应购买由蔬菜科研院所及登记注册的蔬菜种子公司培育、销售的有包装蔬菜种子,种子袋上应按照《种子法》要求,明确标有地方种子生产经营许可证号和地方种子检疫部门检疫合格证号,以及品种特征、栽培要点、种子质量和种子公司地址及联系方式。这样可保证购买到的蔬菜种子质量有保障，种子净度高，带菌、带虫概率少，并且在整个有机蔬菜生产追溯体系中，可实现有机蔬菜品种、种子有据可查。

37. 生产有机蔬菜种子在播前应怎样处理？

（1）对种子实施有机处理的方法主要有 4 种：

① 用热水或干热空气消毒，防止种子携带病菌。

② 用微生物包衣种子，以控制各种土传性病害及苗期病害。

③ 用共生微生物处理，以增强作物的自然防御能力。

④ 用自然生长促进剂处理种子，促进幼苗的生长并增加其抗性。由于这些处理方法都是物理的、有机的、自然的，未采用任何化学方法，所以生产出的种子都是"有机"的。

（2）其他处理方法如下：

① 种子的药液消毒处理方法，是用高锰酸钾 1 000 倍液浸泡处理 15～20 min。

② 干热处理方法，干热消毒法多用于番茄。先晒种子，再将种子放入 70～73 ℃烘箱中烘烤 4 d，取出后催芽，可防治番茄溃疡病。

③ 恒温处理方法，是将种子放入 55 ℃水里，不断搅拌，直到水的温度降到室温。

④ 低温处理方法，是把浸泡后刚萌动（吐白）的种子，放在 0 ℃左右（−1～1 ℃）的低温条件下处理 5～7 d，称为低温处理。

⑤ 浸种、催芽和变温处理的方法，是将种子浸泡在常温的水里 10～12 h，每隔半个小时，搓洗 1 次种子，目的是为了把种子外壳的黏液除掉，以加快吸收水分和种子的呼吸。然后用清水清洗干净，控干后，将种子完全包于经过消毒的湿布中，放于 30 ℃左右的环境里。如果有时间，可以采取变温处理，就是将种子在 30 ℃左右的环境里，放置 16 h，然后，在 10～20 ℃的环境里放置 8 h，如此经过低温、变温锻炼的种子，能使胚芽的原生质黏度发生适应低温的变化，原生质的持水力增强，故能增强瓜类、茄果类等喜温蔬菜秧苗的抗寒力，直到出芽为止。这样变温出的芽，会整齐和粗壮。并可加快生长发育速度，使生育期提早；尤其是苗期根系抗低温能力增强，进而提早瓜、茄果类蔬菜开花结果期，提高早期产量。

38. 种植有机蔬菜能像种植玉米那样，将种子做包衣处理吗？

禁止使用化学包衣种子，除非进行包衣的物质是有机农业生产允许的。例如，可以使用微生物包衣种子，以控制各种土传性病害及苗期病害。

39. 有机蔬菜种子用什么方法浸种催芽?

温汤浸种:用50~55℃（2份开水,1份凉水）的温水浸泡7~8 min并不断搅拌,然后再加入凉水。喜温菜籽降至25~30℃,喜凉菜籽降至20~25℃。浸泡时间因种子不同而异。温水浸种应注意浸泡用的容器要干净。用水量应适中,以水刚刚淹没种子为宜。浸泡4~5 h要换水1次。浸泡过程中要清除漂浮在水面上的秕籽。

40. 什么是穴盘育苗?育苗的技术要点是什么?壮苗有哪些标准?

（1）穴盘育苗技术是一种以草炭、蛭石和珍珠岩等固体轻型基质为育苗基质,以不同孔穴数目的穴盘为容器,采用装基质、播种、覆盖、镇压、浇水等程序,然后置于催芽室和温室、温床等设施内进行环境调控和培育,一次成苗的现代化育苗体系。该技术可播种不同蔬菜,生产不同需求的种苗,播种时1穴1粒或2粒,成苗定苗时1穴1株,根系与基质紧密结合、缠绕成坨,有利于保护根系,提高育苗质量。该技术适于蔬菜育苗工厂化、农民专业化生产。

穴盘育苗技术工艺流程:种子处理（精选加

工)→基质处理（粉碎—过筛—搅拌）→精量播种（穴盘填料—压穴—精播—覆盖—喷水）→催芽→育苗温室培养→炼苗→出圃→穴盘周转。

（2）育苗的技术要点。

① 基质装盘。把育苗基质装入穴盘内，刮除多余的基质并压实。

② 选种。选用优质、饱满、整齐、成熟度基本一致的优质种子，以保证育苗质量。

③ 浸种催芽。将种子放入 55 ℃水中不断搅拌，直至降到室温，一般浸种时间为 8～10 h，要求不断搓洗种子，把黏液除掉后换水，以促进发芽。浸种完毕，从水中捞出种子摊晾 10～20 min，使种子表面水分散发后，用洁净的湿布包好，白天保持 25～30 ℃，夜间保持 20～25 ℃。催芽期间可用 30 ℃左右的温水淘洗 1～2 次，稍晾后保持温度继续催芽。露白后适当降低温度，直至播种。

④ 压穴。将装满基质的穴盘按 2 个一排整齐排放在苗床上，根据穴盘的规格制作压穴"木钉板"，木钉圆柱形，直径 0.8～1 cm，高 0.6 cm。用"木钉板"在穴盘上压穴，穴深 0.5 cm。

⑤ 播种。每穴播种一粒种子，播种深度 0.5～1 cm。多播种 1～2 盘备用苗，用作补缺。单穴播种后覆土，覆土只用较细的蛭石，用喷壶喷透水后放在出苗室中出苗。几天后待种芽刚刚出土时，立即将苗盘摆在育苗温室中已准备好的床面上。穴盘保持在温度 25 ℃条件下见光绿化。

（3）苗床管理环境调控。

① 温度。蔬菜育苗温度管理遵循两高两低原则，即出苗前（萌芽期）和第 1 片真叶至炼苗前（真叶期）保持高温，出苗后至第 1 片真叶前（展根期）和炼苗期降低温度。见表 2 - 1。

表 2 - 1   育苗各阶段温度控制

| 时期 | 温度（℃） | | 管理要点 |
	白天	夜间	
萌芽期	30	20	高温管理，以促为主，促进种子出苗
展根期	25	15	低温管理，以控为主，防止发生徒长，控高脚苗
真叶期	28	20	高温管理，保证花芽分化
炼苗期	20	12	低温管理，进行幼苗锻炼

② 光照。70％种子出苗后应及时揭膜，增加种苗光照。如遇 3 d 以上连续阴天，应进行补光。夏季育苗光照太强时，可覆盖遮阳网遮阳。

③ 水分管理。穴盘苗发育阶段：种子萌芽期及子叶、茎伸长期（展根期）对水分及氧气需求较高，相对湿度要维持在 95％～100％；真叶生长期供水量应随种苗成长而增加；炼苗期则限制给水以健化植株。

值得注意的是阴雨天日照不足且湿度高时不宜浇水；穴盘苗应该在早晨浇透水，下午 3 时后禁止灌水，以免夜间潮湿徒长；穴盘边缘苗易失水，必要时进行人工补水。浇水时，要湿润到整个穴盘的基质。育苗期间保持育苗穴盘不湿不干，秧苗不萎蔫，避免徒长。

④ 炼苗。在定植前7 d左右进行，炼苗时应逐渐打开通风口以降低苗床温度，逐渐过渡到与田间相同的生长环境中。

⑤ 感观标准。茎秆粗壮、子叶完整、叶色亮绿、生长旺盛，根系密集色鲜白，根毛浓密，将基质紧紧缠绕，形成完整根坨，无黄叶，无病虫害。

（4）育苗种植时壮苗的标准。

① 幼苗株高适宜，幼茎较粗，茎粗与茎高比例协调，株形长相合理，节间长短适中，叶面积大，叶片厚，叶色正常或稍浓。

② 地上部与地下部比值大，地下部根系发育良好，根系分级多且色白，根系活力强。

③ 幼苗没有病虫害，没有机械损伤。

41. 有机蔬菜种植中允许使用的肥料种类有哪些？

有机蔬菜对水肥使用的标准极严。有机蔬菜允许使用的肥料种类有：按有机农业生产标准要求，经高温发酵无害化处理后的农家肥，如堆肥、厩肥、沼肥、作物秸秆、泥肥、饼肥等；生物菌肥，如腐殖酸类肥料、根瘤菌肥料、复合微生物肥料等；绿肥，如草木樨、紫云英、紫花苜蓿等；草木灰等；腐熟的蘑菇培养废料和蚯蚓培养基质；矿物质肥，包括钾矿粉、磷矿粉、氯化钙等物质。另外还包括通过了有机认证机构认证的有机专用肥和部分微生物肥料等。叶面施用的肥料有腐殖酸肥、微生物菌肥及其他生物叶面专用肥等。

42. 什么是有机肥？

有机肥料是一种完全肥料，它不仅含有大量元素和许多微量元素，而且还含有一些植物生长所需的激素和多种土壤有益微生物。

43. 生物有机肥和农家肥一样吗？

生物有机肥和农家肥不一样。

生物有机肥指特定功能微生物与主要以动植物残体（如畜禽粪便、农作物秸秆）为来源，并经无害化处理、腐熟的有机物料复合而成的一类兼具微生物肥和有机肥效应的肥料。

农家肥是指将畜禽粪便、厩肥或农作物秸秆等混合，堆积而成的有机肥料。

二者区别：一是有益微生物差异。生物有机肥含有大量的有益生物，微生物的活动能够改善土壤理化性状，抑制有害微生物的生长，促进作物生长；农家肥微生物含量较少，有益微生物和有害微生物共生。二是肥效的差异。生物有机肥发酵时间短，腐熟彻底，养分损失少，肥效相对较快；农家肥露天长时间堆积，养分（特别是氮素）损失较多。三是安全性差异。生物有机肥经过有益微生物的作用，基本消灭了畜禽粪便中原有的对作物生长有害的病虫。另外，生物有机肥经过发酵，充分腐熟后施入土壤，不会造成作物烧根、烧苗，而农家肥腐熟不彻底，用量稍大，就会出现烧根、烧苗，导致减产。

44. 有机蔬菜种植中如何培肥土壤？

（1）合理轮作。用地与养地结合，不断培育土壤，实现持续发展。

（2）以水控肥。水是土壤最活跃的因素，只有合理地排灌才能有效地控制土壤水分，调节土壤的肥力状况。根据具体情况，确定合理的灌溉方式，如喷灌、滴灌和渗灌（地下灌溉）等。

（3）施用堆肥。增加土壤有机质含量，改善土壤理化性状。

45. 种植有机蔬菜怎样防除杂草？

在有机农业生产中，禁止使用任何人工合成的除草剂，所以，杂草的防除应根据杂草与栽培作物间的相互依存、相互制约关系，采取人工锄草、栽培措施和生物防治的方式。

（1）人工锄草。人工锄草是最传统、最实用的方法。

（2）栽培措施。根据杂草与作物间的竞争关系，通过缩小蔬菜的种植行距、增加蔬菜的播种量、具体空间排列和不同措施的组合，建立蔬菜与杂草的竞争平衡。

① 缩小蔬菜的种植行距。促使蔬菜田提早遮阳，从而抑制杂草的生长。

② 调整播种期。当蔬菜发芽恰好与杂草第1次萌发的出现期相吻合时，形成了杂草与蔬菜的强烈互作。值得考虑实施的措施是推迟播种期。以便在杂草第1次萌发后就能除掉，这样可减少60%的杂草和降低杂草后期的生活力。

③ 应用地面覆盖。一定的植物残茬对杂草会产生良好的控制效果。地膜覆盖也可以起到良好的抑草效果。

（3）生物防治。杂草生物防治：利用农业生态系统中的昆虫、病原微生物及动植物等生物相生相克关系，将其控制在经济危害水平以下的一种杂草治理措施。杂草生物防治的种类主要包括以虫治草、以菌治草、以草食动物治草及以草治草等几个方面。

46. 有机蔬菜生产能否使用药剂防治病虫害？用什么药剂？

（1）病害防治。有机蔬菜生产中，一旦发生病害，可以用石灰、硫黄、波尔多液、软皂、植物制剂、醋和微生物及其发酵产品等进行防治；若发生真菌性病害，允许有限地使用氢氧化铜、硫酸铜等含铜的材料进行防治。

①高锰酸钾。是一种很好的杀菌剂，用高锰酸钾 100 倍液消毒土壤，能有效防治多种病害。

②波尔多液。是一种广谱无机杀菌剂，用硫酸铜、生石灰、水按 1：1：200 配制，连续喷 2～3 次，可防治真菌性病害。

③苏打水。使用浓度为 0.25% 的苏打溶液＋0.5% 乳化植物油，可防治白粉病、锈病等病害。

④生石灰。可用于土壤消毒，结合高温闷棚使用，每 667 m^2 量为 2.5 kg。

⑤沼液。能减少枯萎病的发生，并可防治蚜虫。

⑥96% 硫酸铜。1 000 倍液可防治蔬菜早疫病。

⑦米醋。可防治土传病害和叶部白粉病、霜霉病、黑斑病等病害，用量为 200 倍液于发病前或初期叶面喷 2～3 次。

⑧硫黄。可用来进行土壤消毒，预防土传病害。

（2）虫害防治。允许使用软皂、印楝素、苦参碱、鱼藤酮、除虫菊酯等植物性杀虫剂；有限制地使用杀螟杆菌、苏云金杆菌（Bt 制剂）等微生物及其制剂；可以在诱捕器和散发器皿中使用性诱剂来防治害虫。

① 印棟素。由棟科乔木印棟中提取，是高效低毒植物源杀虫剂，对害虫具有胃毒、触杀和拒食等作用，0.3%印棟素乳油主要用于防治蛾类。对斜纹夜蛾、小菜蛾等鳞翅目害虫及斑潜蝇、红蜘蛛、蚜虫等有较好的防治效果。

② 除虫菊素。由菊科植物除虫菊中提取，是一种高效、广谱的活性杀虫成分，对菜青虫、斜纹夜蛾、甜菜夜蛾、蚜虫等防治效果好。但要注意以下几点：除虫菊素见光易分解，喷洒时间最好选在傍晚进行；不能与石硫合剂、波尔多液、松脂合剂等碱性农药混用；商品制剂需在密闭容器中保存，避免高温、潮湿和阳光直射；除虫菊是强力触杀性药剂，施药时药剂一定要接触虫体才有效，否则效果不好。

③ 鱼藤酮。是从鱼藤属等豆科植物中提取出来的一种有杀虫活性的物质，可防治菜粉蝶幼虫、小菜蛾和蚜虫等。

④ 苦参碱。是由中草药植物苦参中提取的生物碱，常用杀虫剂有 0.3%苦参碱水剂、1%苦参碱醇溶液、0.2%苦参碱水剂、1.1%苦参碱粉剂、1%苦参碱可溶性液剂以及 1%苦参碱·印棟素乳油，0.2%苦参碱水剂＋1.8%鱼藤酮乳油桶混剂，0.5%、0.6%、1.1%、1.2%苦参碱·烟碱水剂，0.6%苦参碱·小檗碱水剂等混合制剂。可分别用

于防治蔬菜地小地老虎、小菜蛾以及蚜虫、韭蛆、红蜘蛛等。

⑤ 苏云金杆菌（Bt 制剂）为细菌性杀虫剂，对磷、鞘、直、双、膜翅目害虫均有防治效果。

⑥ 肥皂水。可用 200～500 倍液防治蚜虫、白粉虱、介壳虫。

⑦ 草木灰。在地面撒施可防治葱、韭根蛆，叶面喷施水浸液防治蚜虫。

47. 有机蔬菜可以使用糖醋液诱杀害虫吗？怎样配制糖醋液？

可以使用。糖醋液的配方是：红糖 1 份，醋 2 份，白酒 0.4 份，敌百虫 0.1 份，水 10 份。配制方法：先把红糖和水放在锅内煮沸，然后加入醋关火放凉，再加入酒和敌百虫搅匀即成。

48. 石硫合剂可以在有机蔬菜生产时使用吗？怎样熬制石硫合剂？

石硫合剂是用生石灰、硫黄粉熬制而成的红褐色透明液体，有机蔬菜生产中可以使用石硫合剂。

石硫合剂配制方法和步骤：配方与选料：按照生石灰 1 份、硫黄粉 2 份、水 10 份的比例配制，生石灰最好选用较纯净的白色块状灰，硫黄以粉状为宜。

（1）把硫黄粉先用少量水调成糊状的硫黄浆，搅拌越匀越好。

（2）把生石灰用少量水将其溶解开（水过多漫过石灰块时石灰溶解反而更慢），调成糊状，倒入铁锅中并加足水量，然后用火加热。

（3）在石灰乳接近沸腾时，把事先调好的硫黄浆自锅边缓缓倒入锅中，边倒边搅拌并记下水位线。在加热过程中防止溅出的液体烫伤眼睛。

（4）将石灰乳液强火煮沸 40～60 min，待药液熬至红褐色、捞出的渣滓呈黄绿色时停火，其间用热开水补足蒸发的水量至水位线。补足水量应在撤火 15 min 前进行。

（5）冷却过滤出渣滓，得到红褐色透明的石硫合剂原液，测量并记录原液的浓度（浓度一般为23～28波美度），如暂不用装入带釉的缸或坛中密封保存，也可以使用塑料桶运输和短时间保存。

使用前必须用波美比重计测量好原液度数，根据所需浓度，计算出加水量加水稀释。每千克石硫合剂原液稀释到目的浓度需加水量的公式：

加水量（千克）/每千克原液＝
（原液浓度－目的浓度）/目的浓度

色泽：优良的石硫合剂应为透明的红棕色溶液，残渣少呈草绿色。气味：有浓厚的硫黄气味。用石蕊试纸测试呈强碱性。用波美比重计测其浓度，读数越大，其质量越好。

49. 波尔多液能否在有机蔬菜生产上使用？如能用怎样配制和使用？

波尔多液是一种广谱无机杀菌剂，具有广泛的防病杀菌作用。波尔多液配制原料：硫酸铜、生石灰、水，可以在有机蔬菜生产上使用。

(1) 根据原料配比，常用等量式、0.5%倍量式、半量式 3 种方式。

① 等量式（预防时使用）。

1%等量式。硫酸铜：生石灰：水=1：1：100。

0.5%等量式。硫酸铜：生石灰：水=0.5：0.5：100。

② 0.5%倍量式（发病中期及治疗使用）。

硫酸铜：生石灰：水=0.5：1：100。

③ 半量式（治疗期）。

1%半量式。硫酸铜：生石灰：水=1：0.5：100。

0.5%半量式。硫酸铜：生石灰：水=0.5：0.25：100。

(2) 配制方法。

① 取 1/3 的水配制石灰液（最好先用少量热水加入到生石灰里，等石灰发热化开后，再将其余的水加入），过滤备用。

② 取 2/3 的水配制硫酸铜液，充分溶解过滤备用。

③ 将硫酸铜倒入石灰液中，或将硫酸铜、石

灰乳分别同时倒入同一容器中并不断搅拌。

（3）配制良好的药剂标准。所含颗粒细小而均匀，沉淀较慢，清水层也较少。配制不好的波尔多液沉淀快，清水层较多。

（4）配制注意事项。

① 原料制取。选用洁白、含杂质少而没经过风化的生石灰（一般块大、轻者为好），若没有生石灰，可用消石灰。但用量需比生石灰多 1/3。选用蓝色有光泽，结晶成块的优质硫酸铜；水要用清洁的软水、河水、塘水也可（用前用纱布过滤、以免杂质堵住喷头。井水、泉水含矿物质，是硬水，不可用）。

② 配制时不宜用金属器具，尤其不能用铁器（因金属器具易与硫酸铜发生化学反应，降低药效），以用木质、磁质或陶质器具为宜。

③ 硫酸铜溶液与石灰乳的温度达到一致时再混合，这样配成的波尔多液品质较好。

④ 药液现配现用，不能贮藏，久置后失效。

⑤ 不可把浓的硫酸铜液和浓的石灰乳混合后再加水冲稀，这样配成的波尔多液质量最差。

（5）应用时期。波尔多液是一种良好的保护剂，其保护作用一般可持续两周左右。波尔多液应在病菌侵入之前使用。

不同的病菌对波尔多液的反应不一样，霜霉病菌易被波尔多液杀死，锈菌对波尔多液抵抗性强，所以用波尔多液防治霜霉病效果较好。

（6）使用注意事项。

① 喷药时要不断搅拌，以免产生沉淀。喷雾器头要选用较细的，可使喷出的雾滴细小而均匀。要避免药滴太大及喷洒不均匀而产生药害。

② 阴雨天气不宜喷波尔多液，否则易产生药害，又易被雨水冲掉，浪费药剂。

③ 采收前 15 d 不要喷波尔多液，避免影响果品外观及毒害人体。

④ 不能与石硫合剂混用，喷过波尔多液之后要隔 15～30 d 再喷石硫合剂。喷过石硫合剂后要隔 7～15 d 再喷波尔多液。

50. 高锰酸钾在有机蔬菜生产上有什么作用？如何使用？

高锰酸钾具有强氧化性，能使病原微生物失活，作为一种高效广谱性杀菌消毒剂，在有机蔬菜的生产中，高锰酸钾可浸种消毒、喷施及灌根，能防治立枯病、猝倒病、霜霉病、软腐病、青枯病及病毒病等多种病害。

（1）高锰酸钾的使用方法。

① 浸种。蔬菜种子经温汤浸种后，可在高锰酸钾 500 倍溶液中浸 15 min，捞出用清水洗净，阴干后播种，可以防治苗期立枯病、猝倒病等。

② 灌根。防治黄瓜枯萎病：在定植后，以1 000倍液灌根，每次每株灌 150～200 mL，每 7 d

使用 1 次，连续 2～3 次。

③ 防治苦瓜枯萎病。发病初期，以 500 倍液灌根，每 7 d 使用 1 次，连续 2～3 次。

④ 防治辣椒根腐病。在门椒坐果后用高锰酸钾 500 倍液灌根，每 10 d 使用 1 次，连续 3～4 次。已经发病的可在发病初期用 500 倍液灌根，每 7 d 使用 1 次，连续 4 次。

⑤ 喷施。叶面喷施高锰酸钾 500～1 000 倍液，能有效防治霜霉病、病毒病、软腐病及青枯病等，通常苗期浓度低于生长后期，预防浓度低于治疗浓度。高锰酸钾防治病害应以 7～10 d 为 1 个疗程，需要连续 3 个疗程。

（2）配制高锰酸钾溶液时应注意。高锰酸钾遇有机物会还原成二氧化锰而失去氧化性，配制时一定要使用清洁水，禁止使用污水；高锰酸钾在热水中易分解失效，配制时注意避免使用热水加快其溶解速度，且随配随用；高锰酸钾具有强氧化性，配药时需充分溶解，且幼苗期宜采用低浓度，防止造成药害；勿与其他药剂、肥料混用，过量使用高锰酸钾对土壤微生物区系有一定的影响，因此不可以无节制使用。

51. 什么是植物源杀虫剂？有何优缺点？

植物源杀虫剂是指一些具有杀虫活性的植物

及其提取物制成的驱杀虫药剂。这类杀虫剂也可以被制成多种不同的剂型，发挥其对有害生物的不同作用，如可以将其提取物制成浸剂、煎剂、油剂、粉剂、烟熏剂、驱避剂及昆虫生长、繁殖抑制剂等。

植物源杀虫剂优点：植物资源丰富，就地取材，使用方便，易降解，污染轻，对作物安全；植物源杀虫剂具有对环境污染小，害虫较难产生抗药性，选择性强，对人、畜及天敌毒性低，开发和使用成本相对较低的优点。

植物源杀虫剂缺点：多数天然产物化合物结构复杂，不易合成或合成成本太高；活性成分易分解，制剂成分复杂，不易标准化；大多数植物源杀虫剂发挥药效慢，导致有些农民朋友认为所使用的杀虫剂没有效果；喷药次数多，残效期短，不易为农民接受；由于植物的分布存在地域性，在加工场地的选择上受到的限制因素多及植物的采集具有季节性等。

植物源杀虫剂一般为水剂，受阳光或微生物的作用后容易分解，半衰期短，残留降解快，被动物取食后富集机制差。因此，大量使用植物源杀虫剂一般不会产生药害，相应会减少农药对环境的污染，是真正的无公害农药。同时，植物源杀虫剂对作物还具有营养作用，可提高农产品的营养价值。

52. 有机蔬菜生产可以使用植物源杀虫剂吗？常用的植物源杀虫剂都有哪些？

有机蔬菜防治有害昆虫能使用植物源杀虫剂。

植物源杀虫剂是直接利用具有杀虫活性的植物某些部位杀虫：鱼藤的根、除虫菊的花，直接用于杀虫；或将植物中的杀虫物质提取出来加工成制剂，如鱼藤酮；人工模拟合成除虫菊花中的除虫菊素。植物源杀虫剂的杀虫作用为抑制害虫取食和生长发育，如川楝素等；具有触杀作用如除虫菊素，胃毒作用如苦树皮中的苦皮藤素等。

53. 如何利用赤眼蜂防治害虫？

赤眼蜂属于膜翅目的一种体形非常小的卵寄生蜂，体长仅有 0.4～1.2 mm 黄色或黄褐色，由于其单眼和复眼都为红色，故称赤眼蜂。大多数雌蜂和雄蜂的交配活动是在寄主体内完成的。

赤眼蜂能主动寻找害虫的卵，然后用产卵管刺破害虫卵的卵壳，并将自己的卵产入其内，之后便吸取害虫的卵汁，利用害虫卵的营养来发育自己，经过卵、幼虫、蛹及成虫 4 个阶段，最后咬破害虫卵壳飞出，可以寻找新的害虫卵产卵寄生。在 25 ℃ 的条件下，赤眼蜂约 12 d 就可繁殖一代。赤眼蜂能循环往复，世代繁殖，将害虫消灭在胚胎时期，就可以达到控制害虫的目的。

(1) 赤眼蜂释放关键技术。赤眼蜂是卵寄生蜂，使害虫的产卵期与赤眼蜂的羽化期相吻合，即蜂羽化时与虫卵相遇；一般第 1 次放蜂应在害虫产卵初期，宜早不宜晚。也可以成虫（蛾）的羽化高峰期作为初次放蜂指标。以后间隔 5～7 d 放蜂 1 次。只有在害虫卵期时释放才能收到防治效果。

① 放蜂次数。应由害虫的产卵历期决定。对世代重叠、产卵期长、虫口密度高的害虫，放蜂次数应多些，每次放蜂量也要大些。针对鳞翅目害虫，每代释放 2～3 次。

② 放蜂量。在初次放蜂时，由于卵量不大，放蜂量可少些；在卵始盛期，应加大放蜂量；产卵后期，由于所释放的赤眼蜂自然繁殖和其他天敌种群数量的增多，放蜂量可适当减少。针对菜地鳞翅目害虫，放蜂量 667 m^2 在 0.75 万～1.5 万头为宜。

③ 放蜂点。放蜂点的多少取决于赤眼蜂的扩散能力、害虫产卵的空间分布、放蜂时的温度和湿度等。一般每 667 m^2 设放蜂点 5～8 个。但在高温、干旱的条件下，赤眼蜂的扩散活动受到影响，应加大放蜂点的密度。反之，在潮湿、气候较凉爽时，每 667 m^2 可少设一个放蜂点。

(2) 放蜂方法。

① 卵式卡放蜂。赤眼蜂寄生卵发育到一定时

期后，将其用胶均匀地黏着在一定规格的纸上，制成赤眼蜂寄生卵卡。放蜂时，将大张蜂卡按点次及放蜂量撕成小块，然后将植株叶片卷成一个小圆筒，把小片蜂卡固定在其中即可。由于叶片是有生命力的，叶片圆筒内可以保持湿润，有利于赤眼蜂的羽化。另外，圆筒也可以防风避雨，抵御不良气候条件对赤眼蜂的伤害。

②散粒放蜂。利用特制的放蜂器（袋），在放蜂时将一定量的寄生卵放入其中，然后倒挂在放蜂点的植株上，赤眼蜂羽化后，就可从小孔处飞出，寻求寄生卵。

54. 苏云金杆菌在有机蔬菜生产中能不能用？怎么用？

苏云金杆菌在有机蔬菜生产中能用。

苏云金杆菌，简称 Bt，是目前蔬菜生产中经常用到的一种细菌性生物杀虫剂，对防治鳞翅目幼虫效果尤为明显，死亡虫体破裂后，还可感染其他害虫，但对蚜类、螨类、介壳虫类害虫无效，对人畜安全。

苏云金杆菌质量是否过关，可采用"嗅"来检验：正常的苏云金杆菌产品中都有一定的含菌量，开盖时应没有臭味，时而还会有香味（培养料发出的），而过期或假的产品则常产生异味或没有气味。

苏云金杆菌使用注意事项：

（1）在蔬菜收获前 1～2 d 停用。药液应随配随用，不宜久放，从稀释到使用，一般不能超过 2 h。

（2）苏云金杆菌制剂杀虫的速效性较差，使用时一般以害虫在一龄、二龄时防治效果好，取食量大的老熟幼虫往往比取食量较小的幼虫作用更好，甚至老熟幼虫化蛹前摄食菌剂后可使蛹畸形，或在化蛹后死亡。

（3）施用时注意气候条件，最好在阴天、弱光照菜地或空气湿润时用药，若光照强烈，紫外线会把 Bt 杀死。晴天时施药，一般在上午 10 时前或下午 4～5 时后进行。在有雾的早上喷药则效果较好。环境温度一般在 18～30 ℃都适宜，18 ℃以下或 30 ℃以上使用防治无效。

（4）购买苏云金杆菌制剂时要特别注意产品的有效期，最好购买刚生产不久的新产品，否则影响效果。

55. 性诱剂诱杀害虫在有机蔬菜生产上怎么用？

性诱剂诱杀害虫技术是有机蔬菜生产上绿色防控技术，通过人工合成雌蛾在性成熟后释放出一些称为性信息素的化学成分，吸引同种类寻求交配的雄蛾，将其诱杀在诱捕器中，使雌虫失去交配的机会，不能有效地繁殖后代，以减低后代种群数量而达到防治该类害虫的目的。

性诱剂诱杀技术装置由诱芯、诱捕器组成，首先剪开包装袋的封口，取出诱芯。使用自制或专用诱捕器安装诱芯，如塑料盆（碗）和水盆型、蛾类通用型诱捕器等专用诱捕器。诱捕器放置高度依害虫的飞行高度而异。如斜纹夜蛾的诱捕器一般应放置在离地面 1 m 左右，也可以放置在离蔬菜植株上20 cm 的高度。诱捕器设置时，应先监测到少量成虫时再大面积安放。一般是外围密度高，内圈尤其是中心位置可以减少诱捕器的数量。

使用方法：在害虫发生早期，虫口密度比较低时开始使用，根据虫害发生情况设置专用性诱剂及诱捕器。一般每 667 m² 设置诱捕器 1 个，每个诱捕器内放置性诱剂 1 粒；可用纸质黏胶或水盆作诱捕器（保持水面高度，使其距离诱芯 1 cm）。诱捕器底部距离蔬菜顶部 20～30 cm。性诱剂具有专一特性，1 种产品只能引诱 1 种害虫。

性诱剂的保存：性诱剂易挥发，需在冰箱中（-15～5 ℃）保存，保存处应远离高温环境，诱芯避免暴晒。使用前才可打开密封包装袋，毛细管型只有在使用时剪开封口。一般情况下 1 个月左右更换 1 次诱芯，适时清理诱捕器中的死虫并深埋。诱捕器可以重复使用，废弃的诱芯应深埋处理。

性信息素引诱的是成虫，所以诱捕应在成虫期前开始；且引诱对象为雄成虫，对雌成虫无效。

56. 银灰色地膜在有机蔬菜生产中有什么用?

银灰色地膜又称防蚜地膜,厚度 0.015～0.02 mm,对紫外线的反射率较高,具有驱避蚜虫和减轻作物病毒病的作用,同时还能抑制杂草生长,保持土壤湿度等作用。

57. 如何利用色板诱杀害虫?

(1) 选色板。要根据棚内蔬菜虫害的发生情况、昆虫趋黄或者趋绿习性,选择适合的有色虫板(黄板或者蓝板)。一般种植黄瓜、番茄、辣(甜)椒的棚内蚜虫、粉虱发生较多,宜挂黄板;而茄子棚内螨类发生重,宜挂蓝板。近年来,椒类蔬菜棚内蓟马较重,建议黄板、蓝板搭配使用。

(2) 使用时间。从蔬菜苗期和定植期开始使用。根据害虫生活史,在其易被诱捕的时节放置使用色板,利于诱捕消灭;根据天敌的生活史,在其易被诱集的时节使用色板,色板上不用昆虫胶,目的在于将其诱集到作物园中,有效控制害虫。

(3) 色板使用数量。大棚内一般按每 667 m² 放置中型板(25 cm×13.5 cm)30 块左右,或大型板(40 cm×25 cm)20 块左右,并均匀分布即可。

（4）悬挂。一是可用竹竿或棍棒插入地里，将捕虫板固定在竹竿或棍棒上。二是直接拴系在吊绳上。注意，悬挂的高度要高出蔬菜作物顶端 20 cm 左右，并随蔬菜的生长高度而调整，对趋嫩性较强的白粉虱，悬挂黄板的高度以下沿高出蔬菜植株顶端 15 cm 的效果最佳；黄板诱集蚜虫的适合高度为 32～40 cm；诱集黄曲条跳甲和斑潜蝇的适合高度为 4～20 cm。对搭架蔬菜应顺行。使诱虫板垂直挂在两行中间蔬菜植株中上部或上部。在田间，色板的色度和亮度必须保持足够长的时间，以便能够诱捕到更多的害虫。因此，可在色板外被 1 层隔离纸，保持色泽，并防止其粘连到其他物品。

（5）色板开始使用时间。以蔬菜定苗后为宜，可以有效地控制害虫的繁殖数量和蔓延速度，注意色板粘满害虫后及时更换或可涂机油继续使用。

58. 防虫网在生产有机蔬菜中作用是什么？怎么使用？

防虫网覆盖栽培是一项增产实用的环保型农业新技术，通过构建人工隔离屏障，将害虫拒之网外，切断害虫（成虫）繁殖途径，有效控制害虫传播危害。

（1）防虫网的作用。

① 防虫。将害虫拒之门外。利用防虫网的银灰色拒避蚜虫、蓟马一类的害虫。

② 防暴雨冲刷。由于网眼小，机械强度大，暴雨降到网上，经撞击成为毛毛细雨，使菜生长不受影响。

③ 防病。防虫网割断了害虫传毒途径，减轻了病毒病的发病率。

④ 防风。遇到有风时，网有削弱风力的作用，使植株生长不受影响，茎叶也不受损伤，此外还具有防强光、防冰雹、防鸟害等性能。

(2) 防虫网使用方法。将防虫网直接覆盖在大棚架上，四周用土压实，在网上用压膜线扣紧，留正门揭盖。实行全生育期覆盖。防虫网遮光不多，不需日揭夜盖或晴盖阴揭。

① 选择适宜的规格。选择防虫网的幅宽、孔径、丝径、颜色等。最重要的是孔径，孔径目数过少，网眼过大，起不到应有的防虫效果；目数过多，网眼小，防虫效果好，但遮光多，对作物的生长不利，较为适宜的是 20~25 目，丝径 0.18 mm。如果需加强防虫网的遮光效果，可选用银灰色及黑色的防虫网。银灰色的防虫网避蚜虫效果更好。

② 喷水降温。白色防虫网在气温较高时，网内气温较网外高，因此，7~8 月气温特别高时可增加浇水次数，保持网内湿度，以湿降温。

59. 利用黑光灯可以防治害虫吗？

黑光灯是利用昆虫对 300~400 nm 波长的紫外

线有较高的趋性，当黑光灯发光时所产生的波长处在昆虫喜欢的范围内，可吸引并剿灭害虫。

杀虫灯由交流电源、黑光灯管及配件、防雨罩、挡虫板、灯架等几部分组成。发射的波长在360 nm 左右，对人无害，只是亮度小，照度低，就可引诱昆虫扑向灯源。

黑光灯的高度：安装黑光灯的高度常在 2～3 m，不能太低，以免灯光散发不出来，不要距离水面太高，以免影响诱虫效果；黑光灯诱杀害虫效果与气候条件有关，在无雨无风（或有微风）的情况下，诱获量较多；在大雨或大风时诱获量很少。所以，应视天气情况决定是否开灯。

在正常情况下，各种昆虫在夜间的活动规律不尽相同，因此，有条件的地方应全夜开灯。大多数昆虫通常在上半夜活动频繁，下半夜虫量减少，因此应尽量在上半夜开灯。如果有条件，也可整夜开灯。在无风的晴天，诱获量较多；有风时诱获量很少。雨天诱虫量不一定会少，在保证安全的条件下，可以开灯诱虫。

60. 蛞蝓怎样防治？

（1）诱集。蛞蝓在晚上出来吃菜，白天则躲在阴暗处，可抓到。因此可以于傍晚在田里放一些新鲜菜叶，第二天早晨在菜叶下收集蛞蝓。

（2）灌溉。蛞蝓喜欢潮湿，越潮湿的地方越多，因此，灌溉上要注意，尽量在早上灌溉。可将生石灰直接撒在害虫身体上。

61. 生石灰在有机蔬菜生产上有什么作用？怎么用？

生石灰既是一种最主要的钙肥，也是一种矿物源、无机类杀菌杀虫剂。能供应蔬菜钙素养分，还能中和酸性消除毒害。有些含有机质较多的土壤，常会积累各种有机酸，对蔬菜生长发育有不良影响，施用生石灰，可中和有机酸。生石灰是一种碱性物质，对土壤中病害、虫卵和杂草均有杀死能力。每 667 m^2 撒施生石灰 100~150 kg，用于调节土壤的酸碱度。

生石灰用量必须适当，而且要与有机肥料配合施用。生石灰不宜连续大量施用，一般每隔 2 年施用 1 次即可，否则会引起土壤有机质分解过速、腐殖质不易积累，致使土壤结构变坏，诱发营养元素缺乏症，还会减少蔬菜对钾的吸收，反而不利于蔬菜生长。

62. 草木灰在有机蔬菜生产上能做什么用？

草木灰是含有丰富矿物元素的速效钾肥，主要成分是碳酸钾，含 K_2O 5% 左右，属于碱性肥料，一次用量不可过多，可作基肥或追肥。应单独贮存，防止淋水。

（1）吸湿。如果有机蔬菜棚内湿度过大，可撒一层草木灰吸湿。

（2）补肥。撒施草木灰，可以为蔬菜直接提供养分，在蔬菜生长期，用10％草木灰浸出液叶面喷施，有利于增强植株的抗逆性。

（3）防病。有机蔬菜施用草木灰，可以抑制蔬菜秧苗猝倒病、立枯病、沤根以及芹菜斑枯病、韭菜灰霉病等多种病害的发生。

（4）松土。有机蔬菜连作时间过长，土壤易板结，增施草木灰可以疏松土壤，防止板结，用作苗床的覆盖土，以提高地温。

63. 什么是有机蔬菜"六字"综合防治法？

避（种植时间避开病虫为害高峰）、诱（杀虫灯、性诱剂等）、封（防虫网等）、工（人工摘除群集的幼虫卵叶或病枝、病叶等）、准（准确把握病虫防治适期）、药（使用允许的农药，如Bt、苦参碱、波尔多液等）。

64. 有机蔬菜施肥应注意哪些事项？

（1）人粪尿及厩肥要充分发酵腐熟，最好通过

生物沤制，并且追肥后要浇清水冲洗。另外，人粪
尿含氮高，在薯、瓜类及甜菜等作物上不宜过多
施用。

（2）秸秆类肥料在矿化过程中引起土壤缺氧，
并产生植物毒素，要求在作物播种或移栽前及早翻
压入土。

（3）有机复合肥为长效肥料，在施用时，最好
配施农家肥，以提高肥效。

65. 有机蔬菜施肥用什么方法？

（1）施足底肥。将总施肥量的80％用作底肥，
结合耕地将肥料均匀地翻入耕作层内，以利于根系
吸收。方法是在移栽或播种前，开沟条施或穴施在
种子或幼苗下面，施肥深度以5～10 cm较好，注
意中间隔土。

（2）巧施追肥。追肥分土壤施肥和叶面施肥。
土壤追肥主要是在蔬菜旺盛生长期结合浇水、培
土等进行追肥。叶面施肥可在苗期、生长期内进
行。对于种植密度大、根系浅的蔬菜可采用辅肥
追肥方式，当蔬菜长至3～4片叶时，将经过晾
干制细的肥料均匀撒到菜田内并及时浇水。对于
种植行距较大、根系较集中的蔬菜，可开沟条施
追肥。对于种植行距较小的蔬菜，可采用开穴追
肥方式。

66. 如何腐熟和调控有机肥料（有机肥无害化处理）？

有机肥在施前2个月需进行无害化处理，将肥料泼水拌湿堆积，用塑料膜覆盖，使其充分腐熟，发酵温度在60℃以上，可有效杀灭农家肥中的病虫草害，且处理后的肥料易被蔬菜吸收利用。

堆肥的腐熟过程是微生物分解有机物的过程，堆肥腐熟的快慢取决于下列条件：

（1）水分。堆肥的干湿程度显著影响分解速度，堆肥的水分以60%～75%最好，堆肥材料最好事先浸透。

（2）空气。通气良好，有利于好气性微生物活动，有机物分解快，但损失有机质及氮较多；通气差，有利于嫌气性微生物活动，分解慢，但有机质及氮损失少。因此，堆积时不宜太紧，也不宜太松，可用通气沟或通气管来调节其空气。

（3）温度。堆内温度的高低度，影响不同微生物群落的活动。高温堆肥需要55～65℃高温期维持一星期以上，促使高温性微生物分解有机质，以加快和加强分解，以后慢慢降温，堆肥在中温性微生物的作用下分解有机物，促使腐殖质的形成和养分释放。

（4）酸碱度（pH）。大部分微生物适合在中性和微碱性条件下活动。所以在堆肥中要加入适量的石灰或钙镁磷肥中和有机质分解产生的有机酸。

（5）碳氮比（C/N）。有机物中碳的总含量与氮的总含量的比叫做碳氮比，它们的比值叫碳氮比例。一般微生物分解有机质的适宜碳氮比是25：1。而作物秸秆的碳氮比较大（60～100：1）。因此，在堆积时适当加入人粪尿、牲畜粪尿等含氮多的物质，调节碳氮比，以利微生物的活动，促进堆肥有机物质的分解，缩短堆肥腐熟时间。

67. 什么是商品有机肥料？商品有机肥料种类有哪些？

商品有机肥是生产厂家用生物处理的方法，经过无公害化处理的，符合《中华人民共和国农业行业标准》（NY 525—2012）的精制有机肥。商品有机肥根据其加工情况和养分状况，分为精制有机肥、有机-无机复混肥和生物有机肥3类。

（1）精制有机肥为纯粹的有机肥料，指经过工厂化生产，不含有特定肥料效应的微生物的商品有机肥料，以提供有机质和少量大量营养元素养分为主。精制有机肥料作为一种有机质含量较高的肥料，是有机蔬菜生产的主要肥料品种。有机质（干基）≥30%，总养分（N、P_2O_5、K_2O，干基）≥4%，水分≤20%，pH 5.5～8.0。如果加入活性菌剂，要求有效活菌数≥0.2亿个/g，杂菌率≤20%。

（2）有机-无机复混肥。由有机和无机肥料混合或化合制成，执行的是国家标准 GB 18877—2009，有机质（干基）≥20%，总养分（N、P_2O_5、K_2O，干基）≥15%，水分≤10%，pH 5.5～8.0，粒度（1～4.75 mm）≥70%。

（3）生物有机肥。由特定功能微生物与经过无害化处理、腐熟的有机物料复合而成的肥料，按《生物有机肥》（NY 884—2012）标准执行，有机质（干基）≥25%，总养分（N、P_2O_5、K_2O，干基）≥0.6%，水分≤15%，pH 5.5～8.5，有效活菌数≥0.2亿个/g，杂菌率≤20%。

商品有机肥的生产工艺主要包括两部分，一是有机物料的堆沤发酵和腐熟过程，其作用是杀灭病原微生物和寄生虫卵，进行无害化处理；二是腐熟物料的造粒生产过程，其作用是使有机肥具有良好的商品性状、稳定的养分含量和肥效，便于运输、贮存、销售和施用。

68. 商品有机肥怎样使用？

商品有机肥施用方法一般以做基（底）肥使用为主，在蔬菜栽种前将肥料均匀撒施，耕翻入土。如采用条施或沟施，要注意防止肥料集中施用发生烧苗现象，要根据蔬菜田间实际情况确定商品有机肥的亩施用量。

商品有机肥做追肥使用时，一定要及时浇足水

分。商品有机肥在高温季节使用时，一定要注意适
当减少施用量，防止发生烧苗现象。商品有机肥的
酸碱度 pH 一般呈碱性，在喜酸蔬菜上使用要注意
其适应性及施用量。

69. 商品有机肥简易识别方法

（1）泡水（溶）。准备一个装有清水的容器，
抓一把有机肥放到容器中去，用手把泡在水里的有
机肥碾碎，搅一下能直观地看出有机肥的原料；再
放置一段时间，如果有机肥与水短时间内分层的话
说明有机肥比重大，含土较多。观察有机肥是否溶
解，溶解的速度通常为 10 min 之内就会变成糊状。
在溶解之后观察是不是有较多杂质，若是不溶解或
是溶解比较慢、杂质比较多的则是质量不达标产品。

（2）闻味法。抓一把有机肥，仔细闻一下肥的
味道，看是否有氨味，粪便味，或者淤泥味，好的
有机肥应该是一种彻底腐熟的味道。用鼻子靠近去
闻一下味道，若是有臭味等难闻的味道，这种有机
肥应谨慎使用。大多数会存在腐熟不够或是根本没
有经过腐熟。在使用这种的有机肥后可能会导致烧
苗或是带来病菌，给农作物造成很大的危害。另
外，如果有机肥有氨臭味，可确定该有机肥为假劣
有机肥，是人为添加了碳酸氢铵等无机氮肥所致。

（3）手捻法。取有机肥用大拇指和食指来回碾
压，如果有硌手的感觉，则里面有沙粒或其他

杂质。

（4）菌种测试法。取一水杯把有机肥放在里面，洒少许水（注意不要泡水，潮湿就行），放在温暖适宜的地方，好的有机肥会抱团长出白色菌丝，掰开有机肥颗粒会看到里面也有白色菌丝。

（5）包装识别法。看：观察肥料包装及标识是否规范，是否为授权生产。有无肥料登记证号，执行标准是否是 NY 525—2012 的标准，氮、磷、钾3 种元素的总养分含量不能少于 5％，有机质不能少于 45％，明确地标记有生产厂家、地址以及电话，达到这种标准的有机肥才为质量合格的有机肥。外文包装的尽量不要购买，因为有机肥都是废物再利用，国外进口几乎不可能。

将包装打开，观察肥料本身。有机肥有粉状的、柱状的、并且还有颗粒状的，但是不管是什么形状，若是里面夹杂有许多的杂质应该属于质量不达标的产品。除此之外，真正有机肥料的颗粒不会是圆滑的，因为原料造成的因素，有机肥的造粒很难达到规则。目前，市场上出现有一种颗粒有机肥，造粒比较光滑，甚至比复合肥或是尿素的颗粒都要光滑很多，这类有机肥使用的是工业废渣制作而成，它的营养成分要比直接来源于动植物为原料的有机肥低出很多。

（6）有机肥的价格。通过比较不同企业生产的有机肥价格来确定其质量的优劣。一般来说，有机肥应就近使用，这样价格也相对较低。如果省外运来的有机肥比当地价格还便宜，可确定其不是用较好的原料制成的，应慎买。通常来说，应用豆粕、骨粉、鱼粉、烟末、氨基酸等根据合理的比例配置而成有机肥营养成分最为理想；其次是动物粪便；工业废渣制成的有机肥料处理不恰当会导致重金属超标等 2 次污染。

70. 沼气发酵液在有机蔬菜生产中怎么用？

沼液的合格标准：所使用的沼液沼渣等自制肥料必须经过严格的无害化处理和检验后方可进行施用。在没有检测仪器的情况下判断沼液能否使用的简单方法就是观察沼气的燃烧情况。凡沼气燃烧时火苗正常、不脱火、没有臭味时表明沼气发酵正常，这种沼液可以浸种。凡沼气灯不燃时，沼液不能使用；相反灯能点燃，沼液就可使用，水压间料液表面如有一层白色膜状物时沼液也不能使用。

沼液在施用和喷洒前必须纱布进行过滤，以去除其中的固形物，以防在使用喷雾器时堵塞喷头。沼液施用的浓度不能过大，否则会烧伤植株，1 份沼液加 2～3 份清水即可。用沼液喷施蔬菜时一定要注意部位，以叶背面为主，因叶面角质层厚，而叶背布满小气孔，易于吸收。

沼气发酵液中含全氮 0.07%～0.09%，铵态氮 200～600 mg/kg，有效磷 20～90 mg/kg，速效

钾 0.04%～0.11%。发酵液一般作追肥,沼气发酵液浸泡的种子。采用根部淋浇和叶面喷施两种方式。根部淋浇沼液量可视蔬菜品种而定,一般亩用量为 500～3 000 kg。施肥时间以晴天或傍晚为好,雨天或土壤过湿时不宜施肥。在蔬菜嫩叶期,沼液应兑水 1 倍稀释,用量在 40～50 kg 之间,喷施时注重喷施叶背面,以布满液珠而不滴水为宜。喷施时间,用沼液作为叶面肥时,必须要掌握好喷施的时机,春、秋、冬季上午露水干后(约 10 时)进行,而夏季以傍晚为好,中午高温及暴雨前不要喷施。叶菜类可在蔬菜的任何生长季节施肥,也可结合防病灭虫时喷施沼液。瓜菜类可在现蕾期、花期、果实膨大期进行,并在沼液中加入 0.3% 的磷酸二氢钾。

注意事项:沼液叶面追肥时,应观察沼液浓度,如沼液呈深褐色有一定稠度时,兑水稀释后使用。沼液叶面追肥,沼液一般要在沼气池外放置 1～2 d。蔬菜上市前 7 d,一般不追施沼肥。沼液肥的施用必须每隔 10 d 喷施 1 次以免影响蔬菜植株的生长。

71. 生产有机蔬菜用沼液浸种方法怎样进行?

(1) 浸种用沼液质量。

① 正常运转使用 2 个月以上,并且正在产气

（以能点亮沼气灯为准）的沼气池出料间的沼液。废弃不用的沼气池的沼液不能用来浸种。

② 出料间中流进了生水、有毒污水（如农药等），或倒进了人粪尿、牲畜粪便及其他废弃物的沼液不能用。出料间表面起白色膜状的沼液不宜于浸种。

③ 发酵充分的沼液为无恶臭气味、深褐色明亮的液体，pH 在 7.2～7.6 之间，比重在 1.044～1.077 之间。

（2）浸种前的准备。

① 晒种。晒种能增强种子皮的透性和增进酶的活性，提高种子的发芽率和存活能力，播种后可提早出苗，还可提高种子的吸水能力，并杀灭部分病菌，保证种子质量。晒种时间，一般1～2 d，每天约晒6 h，选择晴天的中午前后几个小时的阳光。为使种子接受阳光均匀，应将种子在晒席上薄薄摊开，每日翻动 3～4 次。

② 清理浮渣。将沼气池出料间内的浮渣和杂物清理干净。

③ 揭盖透气。加有盖板的出料间应清渣前1～2 d揭开透气，并搅动料液几次，让硫化氢气体逸散，以便于浸种。

④ 浸种工具。常用透水性较好，结实的塑料编织袋。

（3）浸种的技术要点。

① 种子包装。将种子装入袋内，一般每袋15～20 kg，并要留出一定空间，因种子吸水后会膨胀。

空间大小视种子的种类而定，有壳种子留 1/3 空间，无壳种子应留 1/2 或 2/3 的空间，然后扎紧袋口。

② 浸种位置。将装有种子的袋子用绳子吊入正常产气的沼气池出料间中部料液中。

③ 浸种时间。有壳种子浸种 24～72 h，无壳种子浸种 12～24 h。沼液温度低时，浸种时间稍长；反之，则时间相应缩短。春末夏初，沼气池出料间内沼液温度为 15 ℃左右时，浸种时间可稍长；夏末秋初，出料间内沼液温度为 18 ℃左右时，浸种时间可适当缩短。以种子吸饱水为度，最低吸水量以 23％为宜。

④ 浸种后处理。提出种子袋，漏干沼液，把种子取出洗净，然后播种。需要催芽的，按常规方法催芽后播种。

（4）蔬菜种子的催芽。用布或毛巾将经温汤浸过的种子包起来，放入渗水容器中盖上湿毛巾，放在适温下催芽。喜温菜为 25～30 ℃，喜凉菜为 20～25 ℃。催芽时间，白菜类 12 h，番茄 2～3 d，茄子 3～6 d，青椒 2～3 d。催芽后，出芽率达到 95％以上，马上进行播种。

72. 人粪尿如何处理才能用作有机蔬菜生产？

《有机产品》（GB/T 19630.1—2011）标准中，限制使用人粪尿，必须使用时，应当按照相关要求进行充分腐熟和无害化处理，并不得与作物食用部分接触。禁止在叶菜类、块茎类和块根类作物上施用。

73. 有机蔬菜生产可以使用人粪尿吗？使用的条件是什么？

在有机蔬菜生产中，所使用的人粪尿必须经过高温堆沤，充分腐熟，无病菌、虫卵、无杂草，并按规定使用数量，作为底肥在整地时以沟施方式施入。禁止在甘蓝、大白菜、小白菜、莴苣等叶菜类以及胡萝卜、马铃薯、萝卜等块根、块茎类蔬菜上施用。仅可用于番茄、甜椒、黄瓜、茄子、豆角、西瓜、甜瓜等立架栽培的果菜类蔬菜。

74. 什么是生物有机肥？

生物有机肥技术是以畜禽粪便、城市生活垃圾、农作物秸秆、农副产品和食品加工产生的有机废弃物为原料，配以多功能发酵菌种剂，使之快速除臭、腐熟、脱水，再添加功能性微生物菌剂，加工而成的含有一定量功能性微生物的有机肥料统称为生物有机肥。

75. 生物有机肥标准是什么？

生物有机肥产品主要以企业标准检验产品质

量，企业标准应在当地技术监督局登记备案。生物有机肥有益微生物含量＞2 000万/g，其他指标应符合有机肥料的标准。以"满园春"生物有机肥企业标准为例，工型产品技术指标：有效活菌数≥2 000万/g，有机质≥35％，养分≥5％，水分≤15％；Ⅱ型产品技术指标：有效活菌数≥2 000万/g，有机质≥2％，养分≥10％～15％，水分≤15％。

76. 常见生物有机肥有哪些？在有机蔬菜生产上怎么用？

生物有机肥是指特定功能微生物与主要以动植物残体（如畜禽粪便、农作物秸秆等）为来源并经无害化处理、腐熟的有机物料复合而成的一类兼具微生物肥料和有机肥效应的肥料。

（1）生物有机肥的种类。

① 农家肥。堆肥，沼渣等。

② 商品生物有机肥。商品化生产的生物有机肥。即农家肥商品化生产后的产物。

③ 有机肥加微生物菌剂。每克含菌大于2 000万功能菌。

（2）施肥要领。苗床与撒播的蔬菜，肥料撒施；移栽的穴施或沟施；追肥开环状或"井"字形沟施；施肥深度与范围在根的有效吸收限度内并尽量增加根能接触的面积；施肥后一定要于土壤拌匀并加盖新土保湿；施肥后一定要浇湿施肥部位，并长期保持施肥部位土壤持水量 50%～70%，以利微生物保持活性。

（3）注意事项。土壤酸碱度以 pH 5.5～8.5 时肥效最好，酸碱度过低、过高要调整 pH 后再施用。打开包装后，不要久放，最好一次用完，以免降低肥效。土壤干旱要及时灌水，土壤有机质含量太低（<3%）施用量要加倍。肥料存放在避光、避雨处。

77. 什么是有机蔬菜追踪体系？有机蔬菜生产追踪体系包括哪些主要内容？

（1）有机蔬菜追踪体系。是一套完整的可溯源保障机制，即当在有机生产、运输、加工、储存、包装、销售等任何环节出现问题时，依照追踪体系的相关记录进行追溯，找到问题产生来源的过程。

为保证有机生产的完整性，有机产品生产、加工者应建立完善的追踪系统，保存能追溯实际生产全过程的详细记录（如地块图、农事活动记录、加工记录、仓储记录、出入库记录、销售记录等）以及可跟踪的生产批号系统。

（2）有机蔬菜生产追踪体系包括哪些主要内容。

① 生产者建立的可追溯系统。

② 生产者保存的能追溯实际生产全过程的记录（如生产活动记录、贮藏记录、出入库记录、运输记录、销售记录等）以及生产批号系统。

③ 每一批产品都能够追踪其来源。

78. 生产有机蔬菜要注意哪些关键技术？

（1）产地环境选择。产地环境主要包括大气、水、土壤等因子。首先，基地周围不得有大气污染源，环境空气符合 GB 3095—2012 质量标准；其次，有机地块排灌系统与常规地块应具备有效的隔离措施，灌溉水质必须符合 GB 5084—2005 农田灌溉水质标准；最后，土壤耕性良好。36 个月内未使用违禁物质，不含重金属等有毒有害物质，新开荒地要经过至少 12 个月的转换期，常规蔬菜种植向有机蔬菜种植需 2 年以上转换期。

（2）施肥技术。施肥的意义在于培育健康肥沃的土壤，为下茬蔬菜收获向土壤归还被取走的养分，为蔬菜的根系提供一个良好的生存环境。

① 种类。适合种植有机蔬菜的肥料种类有：有机肥、堆肥、沤肥、绿肥、矿物源肥料以及一些厂家生产的允许在有机蔬菜上施用的纯有机肥和生物有机肥。这些肥料在施用过程中，需要注意：用于有机肥堆制的添加微生物必须来自于自然界，而不是基因工程产物；自制有机肥要经过彻底腐熟；

堆肥和沤肥必须通过发酵杀灭其中的寄生虫卵和各种病原菌;沼气肥制取时要严格密闭,且有适量水分,发酵最适温为 $25\sim40\ ℃$,碳氮比(C/N)调节在 $30\sim40:1$;沼渣经无害化处理后方可作农肥。种植绿肥要注意在其鲜嫩时通过耕地切碎并翻入土壤,并在其中进行腐熟分解,或者通过堆肥的方式制肥;矿物源肥料中的重金属含量应符合表限制要求,施用时要避免各元素之间的相互影响和相互制约以及存在的拮抗关系。

② 施用技术。有机蔬菜在种植过程中,要针对不同的蔬菜品种科学施肥,盲目施用有机肥同样可导致蔬菜中亚硝酸盐含量超标等危害。例如,在地蛆发生严重地区。施用未腐熟有机肥可加重地蛆危害;鸡粪养分含量高,尿酸多,施用量不宜超过 $3\ kg/m^2$,否则,会引起烧苗;堆肥的施用量一般为 $15\sim30\ t$;沤肥的施用量为 $2.3\times10^4\ kg/hm^2$;豆科绿肥作物按鲜植物体 $3\ 375\ kg/hm^2$ 计算,则含有机质 $225\ kg$,氮素 $67.5\sim135\ kg/hm^2$,固氮量 $45\sim90\ kg/hm^2$,相当于 $225\sim450\ kg/hm^2$ 硫酸铵。一般可根据肥料养分含量与释放比例、蔬菜营养需求和产出确定施肥量。

(3)病虫害防治技术。病虫害的防治是有机蔬菜种植中的难点和重点。必须综合运用各种防治措施,来预防和防治各种病虫害。

① 农业防治。农业防治利用植物本身抗性和栽培措施控制病虫的发生和发展,主要措施有:

a. 选用抗性强最好是兼抗多种病虫害，并适合当地消费者习惯和种植条件的品种；但不能使用任何转基因蔬菜品种。

b. 使用嫁接、轮作、间作技术，打乱病原菌和虫卵的生活规律，提高蔬菜自身抵抗力。例如：嫁接换根可有效防止土传病害；水旱轮作会在生态环境上改变和打乱病虫发生小气候规律，减少病虫害的发生和危害；青椒或番茄套种玉米可以防治蚜虫；普通蔬菜和有特殊气味的蔬菜间作，可驱避一些害虫等。

c. 深耕松土，冬天翻土杀死越冬害虫。加速病残体分解和腐烂；夏季高温期间进行灌水，然后在畦面上覆盖塑料薄膜。利用太阳能对土壤进行高温消毒。

② 物理防治。

a. 利用遮阳网、防虫网对蔬菜进行浮面覆盖，组织多种害虫的侵入和产卵。

b. 安装频振式杀虫灯、诱色纸等。

c. 育苗时在苗床上方悬挂银灰色反光塑料薄膜，可避蚜。

d. 在温室悬挂黄色粘板，诱杀白粉虱、美洲潜斑蝇、有翅蚜。

e. 在农事活动时，可人工摘除斜纹夜蛾等卵块，用水冲刷等。

③ 生物防治。生物防治就是利用有益微生物进行病虫害防治的方法。在农事活动中，注重保护

利用自然天敌，或人工繁殖、释放、引进捕食性天敌。捕食性天敌有小花蝽、中华草蛉、大草蛉、瓢虫和捕食螨等；寄生性天敌有赤眼蜂、茧蜂、土蜂、线虫、平腹小蜂等。另外还可以用苏云金杆菌各种多角体病毒防治病虫害。

④ 必要时，可协调利用药物防治。可以用石灰、硫黄、波尔多液防治蔬菜多种病害；允许有限制地使用含铜的材料，如氢氧化铜、硫酸铜等杀真菌剂来防治蔬菜真菌性病害；可以用抑制作物真菌病害的软皂、植物制剂、醋等物质防治蔬菜真菌性病害；高锰酸钾是一种很好的杀菌剂，能防治多种病害；可以有限制地使用鱼藤酮、植物来源的除虫菊酯、乳化植物油和硅藻土来杀虫。

79. 有机种植中如何对土壤进行消毒？

高温闷棚：土壤高温消毒处理在 7～8 月间进行，此时多为高温晴天天气，利于密闭棚室内温度迅速提高，并保持一定高温。每亩均匀撒施生石灰 2～3 kg，同时加入已粉碎的 3～5 cm 长的玉米秸秆 1～3 m³，再加入腐熟圈肥 5～10 m³ 进行翻耕。灌大水，然后用薄膜进行全地面覆盖。密闭温室或大棚通风口，在太阳光下密闭暴晒 15～25 d，棚室内气温可达 70 ℃以上，使 10～20 cm 土温高达 50～60 ℃以上，可有效预防枯萎病、蔓枯病等土传病害，同时高温也能杀死线虫及其他虫卵。土壤含水量60％以上，促使土壤中的病菌与虫卵失去活性。

80. 有机蔬菜采收时需要注意什么问题？

有机蔬菜生产，采收既要满足不同蔬菜品种的特性和生产要求，又必须符合有机生产的标准，即技术要求。

（1）技术要求。与有机蔬菜栽培过程的要求一致，采收过程应确保产品不受常规生产的污染。关键控制点包括采收工具、采收容器等。应使用专门的采收工具、容器，并有固定存放地点，不得与常规生产工具混用、混放，使用前应该用清水认真清洗，并保留清洗记录。

（2）生产要求。不同的蔬菜品种，生长特性各异，应根据生产需求制订相应的采收计划，有机蔬菜生产对采收没有统一的要求，可以根据生产基地的生产、销售计划，依据市场的需求确定采取标准。

81. 有机蔬菜销售时应该满足哪些要求？

销售是有机蔬菜的最后一个环节，为保持销售过程中有机蔬菜的完整性，有机蔬菜的销售者必须满足以下要求：

（1）有机蔬菜不得与非有机产品混合。

（2）有机蔬菜不得与 GB/T 19630 中不允许使用的物质接触。

（3）建立有机蔬菜的购买、运输、贮存、出入库和销售记录。

（4）有机蔬菜经销商在进货时，应向供应者索取有机蔬菜认证证书等证明材料，在对有证书的真伪进行验证后，留存认证证书复印件。

（5）销售有机蔬菜时，如果没有有机蔬菜专卖店，则应在商场或超市等销售场所设立有机蔬菜销售专区或陈列专柜，与非有机产品销售区、柜分开，并应在显著位置摆放有机产品认证证书复印件。

（6）不符合 GB/T 19630.3 部分标识要求的蔬菜产品不能作为有机蔬菜进行销售。

82. 有机蔬菜栽培记录应包括哪些内容？

有机蔬菜生产管理者必须建立并保存生产记录。记录应清晰准确，并为有机蔬菜生产活动提供有效证据。记录至少保存 5 年并必须包括但不限于以下内容：

（1）土地、蔬菜栽培的历史记录及最后一次使用禁用物质的时间及使用量。

（2）蔬菜种子、种苗等繁殖材料的种类、来源、数量等信息。

（3）施用堆肥的原材料来源、比例、类型、堆制方法和使用量。

（4）为控制病、虫、草害而施用的物质名称、成分、来源、使用方法和使用量。

（5）蔬菜贮存、运输及设施清洁记录。

（6）产品的出入库记录，所有购货发票和销售发票。

（7）标签及批次号的管理。

83. 怎样清洗有机蔬菜？

有机蔬菜需要认真清洗，才能更加保证它的干净与卫生。虽然有机蔬菜在种植过程中未使用化肥、农药，不必担心有农药残留问题，但其表面附着的虫卵和寄生虫仍需要清洗干净。清洗有机蔬菜时，要将蔬菜放在水龙头下逐片冲洗，并用手轻搓，如果是比较粗大的蔬菜，可以用旧牙刷轻轻刷洗。如果你在水里添加几滴白醋，再把蔬菜放到水里浸泡，可以轻松除去菜中隐藏的菜虫。

84. 日光温室生产有机蔬菜如何防止有害昆虫进入？

日光温室设置防虫网，选用 60 目孔径的优质防虫网遮盖通风口固定在骨架上,封严不能留有缝隙,从下风口延伸到地面;进出口设双层防虫网(缓冲门),防虫网要拉紧、严密,接地处压实,接缝处缝合,构成一个能够阻止有害昆虫进入的严防体系。在门里面位置悬挂多色介电吸虫板能够避免当管理人员进出设施内的短暂时间内随人而进的昆虫。

85. 日光温室生产如何确定揭盖外保温材料时间?

时间确定方法:在温室内悬挂一个温度计,在揭除外保温材料之前 10 min,测量室温 T_1,揭开后 10 min 再次测量温室内室温 T_2,揭开后 20 min 第 3 次测量室温 T_3,共有 3 个数据值,当 3 个数值呈现先下降后上升时,说明揭开时间适宜,如果不出现温度下降的情况,说明揭开时间较晚,应该提前一些时间揭开,如果呈现温度下降较长时间而无上升的迹象,说明揭开时间过早,应该推迟一些时间再揭开外保温覆盖材料。

86. 日光温室生产有机蔬菜如何应对灾害性天气?

(1) 恶劣天气发生过程中的管理。

① 连阴、雪天的揭盖保温被。连阴天不下大

雪时，都要揭盖草苫，争取宝贵的散射光。比晴天晚揭早盖 1 h。

② 温度过低管理。在连阴天的情况下，蔬菜作物的光合作用很弱，合成的光合产物很少，为减少呼吸消耗，必须降低温度。夜间一般比晴天要低 2～3 ℃。

③ 中午放风换气。在连阴、雪天的情况下，呼吸消耗大于光合作用，温室内会积累大量的 CO_2 等有害气体。因此在连阴天 3 d 以上，中午要放顶风 1～2 h。

④ 阴天时的防病措施。阴雨天气，大棚内湿度大，降低湿度。

⑤ 覆盖物的固定。大风天气，白天把透明覆盖物固定好，避免被风吹跑，夜间盖严压好，必要时把毛苫、草苫等压好。覆盖物一旦被风刮掉，秧苗极易受冻。中后期要避免冷风从通风口直接吹入畦内，以免损伤秧苗。

⑥ 低温天气的灌水。低温天气苗床要控制浇水，做到营养土不发白不浇，要浇就浇透，尽量中午用同温水浇。

（2）在恶劣天气过后，晴天时管理。在持续阴、雪天多日，天气转晴后，必须注意观察，发现萎蔫，立即放下草苫，恢复后再揭开，经过几次反复，不再萎蔫后再全部揭开草苫。第 2 天还要注意观察，如有萎蔫还应进行回苫。一般 3 d 以后才能真正放心。

87. 如何清除日光温室塑料薄膜上的灰尘?

清除灰尘是日光温室光照与温度管理的首要工作。先准备一根比温室宽稍长一点的绳子,然后在其上绑一些布条,绑的布条一定要把绳子表面覆盖起来,这样就形成了一根布条绳。然后一个人拿着绳子一头站在棚下,一个人拿着绳子的另一头站在设施后坡上,两个人把绳子拉紧,来回摆动,在温室棚膜上擦拭,很快就能把棚膜擦得干干净净。起到增加透光量的作用。擦拭完棚膜后,把布条拆下来清洗干净,等下次再用,非常方便。

88. 什么是秸秆反应堆技术?

秸秆生物反应堆包含 CO_2 缓释富氧秸秆发酵技术、秸秆生物发酵技术、秸秆生物反应堆新技术。秸秆生物反应堆技术是在微生物菌种、催化剂、净化剂的作用下,将秸秆快速地转化为作物生长所需要的 CO_2、热量和有机、无机养料,从而实现培肥地力、克服连作障碍、促进作物生长、提高产量和改善品质的应用技术。在日光温室、大棚内,用好氧高温发酵法处理有机废物,生产有机肥(堆肥)。

89. 秸秆生物反应堆有机物腐熟剂有哪些?

（1）酵素菌（BYM）。商品名 BYM 农用酵素。BYM 由细菌、丝状菌（霉菌）和酵母菌中的24 种益菌组成。酵素菌特点：好氧性强，氧化分解发酵能力强，升温快，互补性好。

（2）VT 菌剂。是一种复合微生物菌剂，由乳酸菌、酵母菌、放线菌和霉菌（丝状菌）中的 10个菌株组成，是有机物料腐熟剂的一个产品。降解能力强，不仅能降解有机废物中的糖类、蛋白质、脂肪，还能降解纤维素、木质素。加快有机废物腐殖化、矿质化进程，提高速效养分含量。抑制腐败菌的繁殖，控制土传病害。

（3）菌剂。一种高效有益微生物菌群。主要由细菌、酵母菌、醋酸杆菌、芽孢杆菌和放线菌中的菌株组成，能分解不易被分解的木质素和纤维素，使有机物料发酵，转化为农作物容易吸收的养分。

（4）腐杆灵。它是一种复合菌剂，既有嗜热、耐热菌种，也有适于中温的菌种，可分解纤维素、半纤维素和木质素等多种有机物，使秸秆腐烂转化成有机肥料。

（5）有机物料腐熟剂。商品名为生物发酵剂。复合菌剂，由多种好氧微生物组成，分解腐熟能力强，能快速升温。

90. 日光温室生产蔬菜利用秸秆反应堆技术时，有几种类型？

秸秆生物反应堆分为内置式、外置式2种。

91. 内置式秸秆生物反应堆是如何建造的？

内置式秸秆生物反应堆是把秸秆生物反应堆建在土壤里，秋、冬、春三季均可使用，高海拔、高纬度、干旱、寒冷和无霜期短的地区尤宜采用行下内置式。

行下内置式操作程序：开沟、铺秸秆、撒菌种、拍振、覆土、浇水、整垄、打孔和定植。

（1）菌种处理与原料准备。使用前天或当天，菌种必须进行预处理，按 1 kg 菌种兑掺 20 kg 麦麸，10 kg 饼肥，加水 35～40 kg 混合拌匀，堆积发酵 4～24 h 就可使用。如当天使用不完，应摊放于室内或阴凉处，厚 8～10 cm，第二天继续使用。每 667 m² 温室需要 4 500～5 000 kg 秸秆，有机物料腐熟剂 8～10 kg，麦麸 80～100 kg，红糖 2～3 kg，棉籽饼或豆饼 100～200 kg。

（2）开挖发酵沟。一堆双行，宜采用大小行种植。大行（人行道）宽 100～120 cm，小行宽 60～80 cm，就在小行位置开沟，沟宽 60 cm 或 80 cm，沟深 20～25 cm，开沟长度与行长相等，开挖土壤按等量分放沟两边。

（3）铺秸秆。开沟完毕后，在沟内铺放秸秆，铺完踏实后，厚度 25～30 cm，沟两头露出 10 cm 秸秆茬，以便进氧气。

（4）撒菌种。每沟用处理后的菌种 6 kg，均匀撒在秸秆上，并用锨轻拍一遍，使菌种与秸秆均匀接触，使表层菌剂（约 1/3）渗透到下层秸秆上。

（5）覆土。将沟两边的土回填于秸秆上，先撒填少量土在秸秆上，用铁锨拍打，使土和肥落入秸秆空隙中，以防止畦面下沉和秸秆分解过快。覆土厚度 20～25 cm，形成种植垄，高 25 cm 左右，并将垄面整平。畦面拍打平整后，铺设滴灌软管或做好膜下暗灌水沟，随后覆盖地膜。

（6）浇水。浇水以湿透秸秆为宜，隔 3～4 d 后，将垄面找平，秸秆上土层厚度保持 20 cm 左右。

（7）打孔。在垄上用 ϕ12 钢筋（一般长 80～100 cm，并在顶端焊接一个 T 形把）打 3 行孔，行距 25～30 cm，孔距 20 cm，孔深以穿透秸秆层为准，以利进氧气发酵，促进秸秆转化，等待定植。

（8）定植。一般不浇大水，只浇小水。定植后高温期 3 d、低温期 5～6 d 浇 1 次透水。待能进地时抓紧打一遍孔，以后打孔要与前次错位，生长期内每月打孔 1～2 次。

92. 内置式秸秆生物反应堆操作注意事项有哪些?

(1) 内置式操作时间应比定植播种期提前 20 d 左右,最少不低于 10 d,否则,表现效果会错后。

(2) 第 1 次浇水要足(以湿透秸秆为准);第 2 次浇水匀,间隔时间 10～15 d;第 3 次浇水要巧,常规法浇 2～3 次水,反应堆技术浇 1 次水,第 4 次浇水要慎,入九至立春期间不宜浇水,以看到旱情才可浇水。

(3) 使用内置式掌握四不宜的原则。开沟不宜过深(不超 25 cm);菌种、秸秆量不宜过少(每亩菌种 8～10 kg,秸秆 4 500～5 000 kg);中间料(麦麸、饼肥)要足,沟两头留出 10 cm 秸秆,覆土不宜过厚(20～25 cm);打孔不宜过晚、孔数量不宜过少(浇水后 3 d 打孔,20 cm 见方)。

93. 如何建造标准外置式反应堆?

标准外置式:一般越冬和早春茬建在大棚进口的山墙内侧处,距山墙 60～80 cm,自北向南挖一条上口宽 120～130 cm,深 100 cm,下口宽 90～100 cm,长 6～7 m(略短于大棚宽度)的沟,称储气池。将所挖出的土均匀放在沟上沿,摊成外高里低的坡形。用农膜铺设沟底(可减少沙子和水泥用量）、四壁并延伸至沟上沿 80～100 cm。再从沟中间向棚内开挖一条宽 65 cm，深 50 cm，长 100 cm 的出气道，连接末端建造一个下口径为 50 cm×50 cm（内径），上口内径为 45 cm，高出地面 20 cm 的圆形交换底座。沟壁、气道和上沿用单砖砌垒，水泥抹面，沟底用沙子水泥打底，厚度 6～8 cm。沟两头各建造一个长 50 cm，宽高 20 m×20 m 的回气道，单砖砌垒或者用管材替代。待水泥硬化后，在沟上沿每隔 40 横排一根水泥杆（20 cm 宽，10 cm 厚），在水泥杆上每隔 10 cm 纵向固定一根竹竿或竹坯，这样基础就建好了。然后开始上料接种，每铺放秸秆 40～50 cm，撒一层菌种，连续铺放三层，淋水浇湿秸秆，淋水量以下部沟中有一半积水为宜。最后用农膜覆盖保湿，覆盖不宜过严，当天安机抽气，以便气体循环，加速反应。

94. 如何使用与管理外置式反应堆？

外置式反应堆使用与管理可以概括为："三用"和"三补"。上料加水当天要开机，不分阴天、晴天，坚持白天开机不间断。

（1）用气。苗期每天开机 5～6 h，开花期 7～8 h，结果期每天 10 h 以上。不论阴天、晴天都要开机。研究证实：反应堆 CO_2 气体可增产 55％～60％。尤其是中午不能停机。

（2）用液。上料加水后第 2 天就要及时将沟中的水抽出，循环浇淋于反应堆的秸秆上，每天 1 次，连续循环浇淋 3 次。如果沟中的水不足，还要额外补水。其原因是通过向堆中浇水会将堆上的菌种冲淋到沟中，不及时循环，菌种长时间在水中就会死亡。循环 3 次后的反应堆浸出液应立即取用，以后每次补水淋出的液体也要及时取用。原因是早期液体中酶、孢子活性高，效果好。其用法按 1 份浸出液兑 2～3 份的水，灌根、喷叶，每月 3～4 次，也可结合每次浇水冲施。反应堆浸出液中含有大量的 CO_2、矿质元素、抗病孢子，既能增加植物的营养，又可起到防治病虫害的效果。试验证明反应堆液体可增产 20%～25%。

（3）用渣。秸秆在反应堆中转化成大量 CO_2 的同时，也释放出大量的矿质元素，除溶解于浸出液中，也积留在陈渣中。它是蔬菜所需有机和无机养料的混合体。将外置反应堆清理出的陈渣，收集堆积起来，盖膜继续腐烂成粉状物，在下茬育苗、定植时作为基质穴施、普施，不仅替代了化肥，而且对苗期生长、防治病虫害有显著作用，试验证明反应堆陈渣可增产 15%～20%。

（4）补水。补水是反应堆反应的重要条件之一。除建堆加水外，以后每隔 7～8 d 向反应堆补 1 次水。如不及时补水会降低反应堆的效能，致使反应堆中途停止。

（5）补气。氧气是反应堆产生 CO_2 的先决条件。秸秆生物反应堆中菌种活动需要大量的氧气，必须保持进出气道通畅。随着反应的进行，反应堆越来越结实，通气状况越来越差，反应就越慢，中后期堆上盖膜不宜过严，靠山墙处留出 10 cm 的缝隙，每隔 20 d 应揭开盖膜，用木棍或者钢筋打孔通气，每平方米 5～6 个孔。

（6）补料。外置反应堆一般使用 50 d 左右，秸秆消耗在 60% 以上。应及时补充秸秆和菌种。一次补充秸秆 1 200～1 500 kg，菌种 3～4 kg，浇水湿透后，用直径 10 cm 尖头木棍打孔通气，然后盖膜；一般越冬茬作物补料 3 次。

95. 怎样利用熊蜂为日光温室有机蔬菜花期授粉？

熊蜂个体大，熊蜂的周身密布绒毛，易于黏附花粉，携带花粉量大，熊蜂的趋光性差，信息交流系统不发达，能专心地在温室内蔬菜花上采集授粉，很少从通气孔飞出去。对低温弱光高湿环境的适应能力较强，特别适合为设施作物授粉。熊蜂访花作物种类广泛，有蜜腺、无蜜腺植物均适合，如番茄、甜椒、黄瓜、甜瓜、茄子等均可采用熊蜂授粉技术。熊蜂的声震大，飞行时发出嗡嗡的响声，熊蜂具有旺盛的采集力，日工作时间长，在室内温度超过 8 ℃的阴雨天，熊蜂照样出巢飞翔访花。

熊蜂授粉技术如下：

（1）授粉蜂群的准备和防虫网的选择。选性情温顺、群势大、采集力强、无患病征兆的明亮熊蜂品种强群。

根据选用适宜的防虫网，蔬菜生产以选用14～40目的网为宜。在能有效防止蔬菜上形体最小的主要害虫——蚜虫的前提下，目数应越小越好，以利通风。防虫网四周要用土压实，防止害虫潜入产卵。随时检查防虫网破损情况，及时堵住漏洞和缝隙。

（2）调整蜂群的群势与入住。草莓开花前，在温度为29℃左右的饲养室把熊蜂繁育成有40只左右工蜂且拥有大量卵、虫、蛹的授粉蜂群，并转入20℃左右的饲养室继续饲养；在放入温室前3 d，将熊蜂群移入15℃左右的低温区饲养进行低温适应。蔬菜开花初期，将蜂群在傍晚时移入温室内，蜂箱高于地面20～40 cm，第2天早晨打开巢门即可。

（3）隔离通风口。防虫纱网封闭温室的通风换气口，避免熊蜂钻出温室遇低温冻死。

（4）放蜂时间。选择傍晚释放熊蜂，蜂群经过一夜休息稳定之后，随着第2天清晨温室光线的增强，熊蜂逐渐出巢适应新的环境，试飞过后容易归巢，可大大减少工作蜂的损失。

（5）放蜂数量。每667 m² 温室放1箱（50～80只）熊蜂，使用1.5～2月后更新。

（6）熊蜂饲喂管理。蜂授粉时间超过 2 周以上，箱内自带饲料基本耗尽，要用奖励方法将溶解后的 50％糖水倒入盘中，放在蜂箱附近便于熊蜂采集，在盘子里放入几根小木棍或几块石子，防止熊蜂采食时淹死，每隔 2 d 更换 1 次。

（7）检查蜂群。蜂群活动正常与否，可以通过观察进出巢的熊蜂数量判断。在晴天 9：00～11：00，如果 20 min 内有 8 只以上熊蜂飞回蜂箱或飞出蜂箱，则表明这群熊蜂处于正常的状态。对于不正常的蜂群应及时更换。

96. 日光温室有机蔬菜生产如何增施CO_2？

（1）利用秸秆生物反应堆技术，可以补充室内 CO_2 不足。

（2）硫酸—碳酸氢铵反应法。在设施内每40～50 m^2 挂一个塑料桶，悬挂高度，与作物的生长点平，先在桶内装入 3～3.5 kg 清水，再徐徐加入1.5～2 kg 浓硫酸，配成 30％左右的稀硫酸，以后每天早晨，揭草苫后半小时左右，在每个装有稀硫酸的桶内，轻轻放入 200～400 g 碳酸氢铵，晴天与盛果期多放，多云天与其他生长阶段可少放，阴天不放。碳酸氢铵要先装入小塑料袋中，向酸液中投放之前要在小袋底部，用铁丝扎 3～4 个小孔，以便让酸液进入袋内，与碳酸氢铵发生反应，释

放 CO_2。

注意事项：第一，必须将硫酸徐徐倒入清水中，严禁把清水倒入硫酸中，以免酸液飞溅，烧伤作物与操作人员。第二，向桶内投放碳酸氢铵时，要轻轻放入，切记不可溅飞酸液。第三，反应完毕的余液，是硫酸铵水溶液，可加入 10 倍以上的清水，用于其他作物追肥之用，切不可乱倒，以免浪费和烧伤作物。

(3) 利用烟气电净化 CO_2 技术增施气体肥料。

第三部分
现代物理农业装备技术在有机蔬菜生产上的应用

97. 什么是烟气电净化 CO_2 增施技术？在温室生产中如何利用？

烟气电净化 CO_2 增施技术是现代物理农业技术在温室设施生产中应用创新，是将可燃物（燃煤、木柴）等燃料燃烧后产生的气体通入烟气电净化 CO_2 增施机中，脱出有害物质及有害气体后剩余的纯净 CO_2 气体释放到温室内供给植物生长的气体施肥方式。

98. 烟气电净化二氧化碳增施机有什么用？使用范围是什么？

YD-660 型烟气电净化二氧化碳增施机是以静电除尘、间歇微量供施的原理开发的 CO_2、空气氮肥、臭氧一体化气肥增施机。除净化烟气获得 CO_2 以外，它还可以电离空气产生空气氮肥、臭氧，同时巧妙的设计将烟气二氧化硫转化为预防白粉病的特效药剂。

使用范围：适用于占地 660 m² 以内的蔬菜温室使用，特别适用于寒冷季节有人居住的、带有操作间、耳房的生火住人的温室使用、设有集中供暖的温室园区或设有热风炉加温的温室使用，主要解决冬季温室植物产品生产中的 CO_2 亏缺以及白粉病等气传病害的预防问题，最大限度地提高产量和果实含糖量。

99. 烟气电净化二氧化碳增施机为什么能补充 CO_2？

本机是一种能从烟气中获得纯净 CO_2 并将其均匀地供给温室植物进行光合作用的机电一体化装备。该机通过内藏引风机将燃烧装置排烟管道中的烟气抽入机内，机内电净化腔可对诸如煤、秸秆、油、液化气等任何可燃物燃烧时产生的烟气进行电净化，可有效地将烟气中的烟尘、焦油、苯并芘等有害于植物生长发育的气体基本脱除，并可将部分二氧化硫和氮氧化物脱除且将剩余二氧化硫和氮氧化物转化为植物生长所需的安全肥料和杀菌剂。同时该机内藏的烟气电净化本体电离空气会产生一定量的臭氧，可有效分解掉烟气中含有的可引起秧苗早熟早衰的大部分乙烯。

100. 烟气电净化二氧化碳增施机组成与技术参数是什么？

本机主要由烟气电净化主机、吸烟管、送气管、焦油肥收集袋组成（图3-1）。其中烟气电净化主机包含机箱、高压电源、风机、烟气电净化本体、金属过滤丝球、间歇时间控制器。

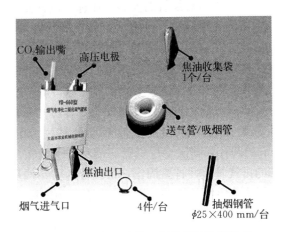

图3-1 烟气电净化二氧化碳增施机组成

性能指标如下：

使用电压：AC 220 V±10%，总功率：38 W，净化电压：DC35KV，烟气净化效率：不低于99%，脱硫效率：不低于30%，烟气处理流量：0.4 m^3/min，臭氧产率：≤25 mg/h（参考），氮气肥料化效率：≤10 kg/年（参考）。

101. 烟气电净化二氧化碳增施机在日光温室内怎样安装与使用？

（1）主机安装位置的选择。依据吸烟管的长度选择距离燃烧器、煤炉、薪材炉、烟囱比较近的墙壁作为主机固定的地方，如温室操作间、耳房或温室内。然后将主机固定在墙上。

（2）主机与吸烟管的安装。在选定位置安装主机。主机的安装分为3种方式：膨胀螺栓（涨塞）三点固定方式、机顶上方两耳悬挂式、水泥钉固定方式。通过管夹将吸烟管、烟道插管同主机进烟嘴依次连接好，并将烟道插管插入烟道较冷的一端。

（3）送气管的安装。如果安装在耳房，需首先将耳房通往温室内的墙壁或门梁处钻一直径为40 mm的圆孔；其次将送气管一端和管卡插在主机上端的排气管上并拧紧固牢，送气管的另一端从圆孔中插入温室内并拉入，此时一边拉一边应按每3 m一孔在送气管上烫孔，孔径为10~15 mm；最后将送气管沿温室后墙与棚梁交界处布设（防晒防老化）。

特殊提醒：由于聚乙烯柔软波纹管易于老化，特建议用户采用硬质PVC管、弯头、三通布设CO_2的输送管线。

（4）焦油肥收集袋的安装。通过管夹将不漏气的塑料袋固定在主机底盖的焦油流嘴上。

（5）操作说明。本机为自动工作设备。安装好后接通电源即可进入日复一日的自动循环间歇工作状态，循环时间已在出厂前设定好。当焦油肥收集袋充满黄色液体时可倒入小瓶将液体收存。

（6）焦油肥的使用。焦油肥主要含有大量的速效氮、硫和碳酸氢根和微量钾，按1：30的比例添加清水可成为速效肥料使用。促生长效果十分显著。

102. 烟气电净化二氧化碳增施机怎样维护及处理故障?

（1）本机维护简便且不需经常性维护。每2月只需关掉电源，旋开主机上方的高压处理电极，使用毛刷或抹布轻轻拨扫掉机内除尘管管壁的灰垢即可。

（2）可能发生的故障。

① 送气管冒黑烟。电净化腔中心电极可能与净化腔壁面发生短路，此时应从底端焦油流嘴向上观察腔内中央电极、腔壁是否黏液较多，如是，应旋开主机上方的高压处理电极并拿出，电极拿出后用洗衣粉水清洗中央电极与机内腔壁。如腔壁和中央电极干燥且较洁净，可判断为高压电源损坏，此时应通知供货商更换、修理。

② 控制器、高压电源正常工作但不吸烟。风机坏，更换风机。

（3）安全注意事项。不得在开机状态下拧开主机顶部的高电压处理电极，不得使用锐物割划高电压处理电极携带的高压线。

103. 烟气电净化二氧化碳增施机内置高电压专用定时器怎么使用?

（1）设置程序。只需拨动设定片（红色设定片），每个设定片为15 min，拨到外侧为接通电源。例如：让电器在 24 h 内，工作 15 min，停止 15 min，周而复始。需将设定片数拨到外面即可。

（2）校对现在时刻。如果为了便于掌握时间，只需要顺时针旋转刻度盘，使三角箭头指向现在时刻。将控制器的时间调整为北京时间即可。如果不作此调整，不影响控制器定时。

（3）将电器用品的电源线连接定时器的电源上，电器用品务必是开启状态。

（4）将定时器连接在电源上，电器用品即可按预先设置好的程序执行开与关，进行工作。

（5）定时位置开关务必拨到定时"on"位置，才能起到定时作用。

（6）内置高电压专用定时器技术规格。额定电压电流功率：AC220/2 000 W，使用温度范围：$-10\sim55\ ℃$，操作方向：顺时针，时间设定范围：15 min～24 h，固有损耗：$\leqslant1$ W。

104. 专家对烟气电净化二氧化碳增施机使用有哪些建议？

（1）使用建议如下。

① 增施 CO_2 能促使蔬菜花芽分化，控制开花时间。

② 蔬菜增施 CO_2 获得增产的显著程度依次是根菜类、果菜类、叶菜类。

③ 提高地温、保持土壤水分是提高 CO_2 增施效果的重要方法。

④ 在温室内建立空间电场是提高植物 CO_2 吸收速率和同化速度的最有效措施。

⑤ 高浓度 CO_2 与空间电场结合具有产量倍增效应，而且果蔬口感好，特别是糖度增加显著。

⑥ 控制器指示灯亮而不变是控制器损坏了，必须更换控制器。

（2）特别提示。利用烟气电净化二氧化碳增施机净化获得的净化气体能够有效预防多种气传病害，对草莓、黄瓜、葡萄的白粉病、白霉病、灰霉病、霜霉病等真菌性病害预防十分有效。

（3）关键点。送气管铺设在地面，其高度一般为 $0\sim1.5$ m。草莓植株叶片越浓密管道铺设愈低。上架蔬菜的管道铺设高度一般为 $1.2\sim1.5$ m。

105. 什么是温室电除雾防病促生机（系统）？

温室电除雾防病促生技术是一类能够调节植物生长环境，显著促进植物生长并能十分有效地预防气传病害发生的空间电场环境调控系统。型号：3DFC-450 型机型。由 1 台主电源、1 个控制器、100 m 电极线 1 卷、10 个绝缘子四大部分组成（图 3-2）。其中，主电源外壳颜色分为黄、蓝两色。

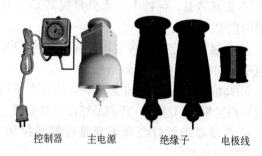

控制器　　主电源　　　绝缘子　　电极线

图 3-2　温室电除雾防病促生机组成

技术要点：

（1）建立的空间电场能够极其有效的消除温室的雾气、空气微生物等微颗粒，彻底消除动植物养育封闭环境的闷湿感、建立空气清新的生长环境。

（2）通过电极的尖端放电产生臭氧、氮氧化物、高能带电粒子，用于空气微生物的杀灭、异味气体的消解。

（3）在空间电场作用下，植物对 CO_2 的吸收加速并使光补偿点降低，即在弱光环境中仍有较强的光合强度。同时，高浓度 CO_2 与空间电场结合具有产量倍增效应，即空间电场能显著提高植物的光合强度，促进同化产物的运输和植物组织器官的生长与发育。

（4）通过放电作用使空气中的大量氮气转化为氮氧化物，氮氧化物与水汽结合形成空气氮肥，即植物叶面氮肥。

（5）通过物理方式预防和杀灭病菌，不使用任何化学制剂，是绿色、无害的安全性杀菌技术。

106. 温室电除雾防病促生机（系统）是怎样防病的？

（1）空间电场的建立。通过绝缘子挂在温室棚顶的电极线为正极，植株和地面以及墙壁、棚梁等接地设施为负极，当电极线带有高电压时，空间电场就在正负极之间的空间中产生了，利用这个空间电场能够有效地消除温室、生态酒店的雾气和空气微生物等微颗粒，彻底消除动植物封闭环境的闷湿感、建立空气清新的生长环境。在这个空间电场环境中，电极线放电产生的臭氧、二氧化氮和高能带电粒子用于预防植物气传病害、并向植物提供空气氮肥。

（2）臭氧等氧化性气体的产生。通过电极的尖端放电产生臭氧、氮氧化物、高能带电粒子，用于空气微生物的杀灭、异味气体的消解。

（3）光合作用的促进与品质的优质化。在空间电场作用下，植物对 CO_2 的吸收加速并使光补偿点降低，即在弱光环境中仍有较强的光合强度。同时，高浓度 CO_2 与空间电场结合具有产量倍增效应，即空间电场能显著提高植物的光合强度，促进同化产物的运输和植物组织器官的生长与发育。另一方面，高浓度 CO_2 与空间电场相结合能够显著提高果实甜度，是设施生产高甜度小果番茄、水果化萝卜的关键技术方法。

(4) 氮气肥料化。带有4万~5万V直流高压的电极线会对空气产生电离作用并使空气中的大量氮气转化为氮氧化物，氮氧化物与水汽结合形成空气氮肥，即植物叶面氮肥。

(5) 缺素症预防。在空间电场作用下，植株体内钙离子浓度随电场强度的变化而变化，它的变化调节着植物的多种生理活动过程，也促进了植物在低地温环境中对肥料的吸收，增强了植物对恶劣气候的抵御能力。

(6) 除雾与臭氧防病。在空间电场中的雾气、粉尘会立刻荷电并受电场力的作用而做定向脱除运动，并迅速吸附于地面、植株表面、温室内结构表面，而附着在雾气、粉尘上的大部分病原微生物也会在高能带电粒子、臭氧的双重作用下被杀死。在随后的自动循环间歇工作中，空间电场抑制了雾气的升腾和粉尘的飞扬，温室空间持续保持清亮状态，隔绝了气传病害的气流传播渠道。由于空间电场作用，植株生活体系中有微弱电流，该电流与空间直流电场、臭氧、高能带电粒子一同作用，防治了土传病害。

107. 温室电除雾防病促生机（系统）怎样安装？

(1) 选型。按照温室面积选用机型。面积接近

$300\ m^2$ 的棚室、露地如想获取更好的防病增产效果可选用 1 套 3DFC - 450 型温室电除雾防病促生系统。面积接近 $600\ m^2$ 的棚室、露地可选用 2 套 3DFC - 450 型温室电除雾防病促生机。

（2）主电源和控制器的安装。主电源一般按照最接近电源的地方安装。主电源可以设在温室一端或中央，但架设高度必须大于 $2.3\ m$。控制器一般固定在墙上，且高度易于操作。

（3）地线的装设。主电源固定完毕后，紧接着需要使用不锈钢丝绳（标准配置中的电极线）将接地螺丝与温室钢梁实现良好的电连接，或埋入土壤 $0.5\ m$ 的接地不锈钢管相接。

（4）绝缘子的安装。绝缘子一般按温室长度方向均匀布设在棚顶钢梁上或通过附件固定在立柱上。

（5）电极线的连接。使用电极线通过这数个绝缘子底端的螺丝联为一体。电极线即可形成网格状、也可为一根线，这根电极线必须与主电源的输出螺丝头相接，连接完毕后应检查电极线是否与其他结构物有短接（短路）之处，如与植物枝叶、木杆、吊挂铁丝、吊挂绳索（含塑料绳）等短接，如有必须清除短路现象。

108. 怎样使用温室电除雾防病促生机（系统）？

（1）工作方式设定。首先将定时位置开关拨向

恒定测设位置 "TIME NOW"。循环间歇时间设置只需拨动设定片（红色设定片），每个设定片为15 min，拨到外侧为接通电源。

（2）推荐。每工作15 min，停歇45 min，周而复始。即将设定片每隔3片外拨1片，校对现在时刻（如果不做此调整，不影响控制器定时）；如果为了便于掌握时间，只需要顺时针旋转刻度盘，使三角箭头指向现在时刻。将控制器的时间调整为北京时间即可。

（3）正常工作调整。在恒定测设位置 "TIME NOW" 时，如电极线带电，就可将定时位置开关由 "TIME NOW" 拨到定时 "AUTO ON" 位置，设备方可进入正常工作状态。

（4）注意事项。当向外拨动设定片时会遇到一处难以向外拨动的小片（切不可强行拨动），此时仅需顺时针转动刻度盘半圈或1/4圈就可消除卡点。

（5）开机。按照上述要求调好定时器（通常出厂时已经设定好了工作时间），就可将主电源上的定时器输入端直接接入 AC220。其后，系统就进入循环工作状态，空间电场就会在植物的生长环境中间歇出现。

109. 温室电除雾防病促生机（系统）出现故障怎样处理？

（1）调试检查。设备工作后，检测系统工作方式是否按设定时间顺序间歇循环工作。

（2）控制器故障调查。如果设备不工作，首先看控制器是否在工作状态，如在工作状态就利用验电笔检测控制器是否有 220 V 输出，如果有则排除控制器的问题。

（3）电极线短路调查。验电笔灯不亮时为故障，应首先检查电极线是否有短路的地方。特别是看是否有蜘蛛网、铁丝、灯线或其他物体靠在了电极线上，如有则必须清理。

（4）主电源故障调查。如电极线没有短路的地方，此时应检查主电源是否有故障。检查程序如下：断开主机带线绝缘子与其他绝缘子的连接，接通主机电源，使用验电笔逐渐接近主电源放电头或输出高压线端头进行检查，如不亮则可判断主电源损坏，做更换处理。

（5）绝缘子的维护。绝缘子每年需要清洗一次，每次清洗需要关掉电源进行，清洗时务必将绝缘子表面上的灰尘清洗掉。

（6）电极线的维护。每天必须观察是否有绳线、铁丝、木杆、金属构件等异物触碰了电极线或过于接近电极线（10 cm 以内），如有必须立即清理。

110. 温室电除雾防病促生机（系统）安全注意事项有哪些？

（1）严防触摸。空间电场系统属于高电压小电流的电工（电子）类产品，因此严禁触摸电极线。

（2）严禁杆触。严禁使用一般绝缘物件（木杆、污浊熟料棒等）触碰电极线。

（3）必须执行的安全规范。电极线架设高度必须>2 m。

（4）安全警示牌。必要时在机器旁边树立安全警示牌。

（5）复用处理。夏季揭膜后需停止使用温室电除雾防病促生系统，到秋冬季封闭后复用时应对绝缘子、电极线、主控电源、高压线、电源线进行复检。

111. 温室电除雾防病促生机（系统）有什么作用？

（1）气传病害的预防。间歇出现在植物生长环境中空间电场对气传病害以及湿度引起的病害具有显著的预防效果。其中，蔬菜霜霉病、灰霉病、叶霉病、晚疫病、炭疽、疫病、白粉病等病害的预防成功率接近100%，真菌性药剂替代率接近100%。对于褐斑病等细菌性病害的预防成功率超过87%。

（2）土传病害的预防。正向空间电场引起的入地电流形成的根际环境水分微电解所起到的土传病害预防效果较为明显，尤其是对猝倒病、茎腐病和枯萎病的预防效果显著，防效可保持在40%以上。

（3）裂果症的预防。空间电场因其电离空气产生的氧化剂内容能够有效分解乙烯，故其对樱桃、葡萄等果蔬的裂果症有显著地预防作用，其预防成功率高于94%。

（4）缺素症的预防。空间电场对白菜心腐病、裂果和烂果的预防作用显著，预防成功率高于90%。

（5）光合作用调控。空间电场与CO_2的增补同时作用于植物生长环境，可加速植物的生长速度。对于根菜类，同期产量高于常规环境70%以上；果菜与叶菜类，产量增幅超过40%。

（6）根系活力的促控。空间电场保持植物根系环境的高氧含量对植物的全生育期有着巨大影响。空间电场环境中的黄瓜、番茄、甜瓜等瓜类蔬菜的生育期普遍延长1.7倍之多。

112. 什么是土壤电处理技术？在温室生产中可以解决什么问题？

土壤电处理技术是指通过直流电或正或负脉冲电流在土壤中引起的电化学反应和电击杀效应来消灭引起植物生长障碍的有害细菌、真菌、线虫和韭蛆等有害生物，并消解前茬作物根系分泌的有毒有机酸的物理植保技术。

土壤电处理机是依据电流土壤消毒原理、土壤微水分电处理原理、脉冲电解原理集成的土壤电化学消毒技术原理开发的一种多功能土壤消毒设备。它可以有效解决温室大棚同种作物连作带来的土壤有害微生物浓度过高、土传病害猖獗、游离态营养元素匮乏、根系分泌的有机酸及有毒物质不易清除、土壤 pH 有较大改变等严重影响作物生长，造成减产和品质下降的问题。一般来讲，这种土壤电处理方式可杀灭土壤中的有害微生物，使土壤分散性降低、膨胀性减弱、团聚体增加、结构疏松、孔隙增大、渗透性提高和保水能力提高。

113. 土壤电处理机适用范围是什么？

3DT－480型土壤连作障碍电处理机适用于：

（1）土传病害、线虫、韭蛆等微小害虫病、根系有害分泌物、土壤物理性缺素症等连作障碍的克服处理。

（2）土壤改良，特别是盐碱地的改良。

（3）无毒优质蔬菜生产模式或环境安全型温室的土传病虫害的防治。

114. 3DT－480 型土壤连作障碍电处理机由哪几部分组成，怎样使用？

3DT－480型电处理机由主机（带有2个电极钳）、电极钢板2组，35 kg介导颗粒以及专用的强化剂30 kg组成（图3-3）。

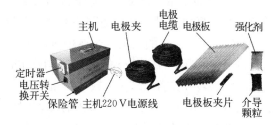

图 3 - 3　3DT 系列土壤连作障碍电处理机组成

技术性能指标：3DT 系列土壤连作障碍电处理机实际上是一套配合组件，除了主机以外，其他配置物均需埋入土中，主机和土壤埋入组件通过电缆夹相连，通电后即可按规程进行处理。使用方法如下：

（1）强化剂和介导颗粒的撒施。

① 介导颗粒的撒施。在茬口闲地期间介导颗粒按 35 kg/亩 的投入量均匀埋入土壤表面以下 30 cm处，建议每平方米按 5 粒埋入。

② 强化剂的投放。在茬口闲地期间按30 kg/亩 的投入量均匀撒布在土壤表面并漫水灌溉，或溶于水随水灌溉。电处理使用的强化剂对环境无任何污染问题，其作用可显著提高土壤电处理的灭菌消毒效率。

（2）电极板铺设方法。就 1 亩（667 m^2）的标准配置而言，1 亩地需要 2 组电极板，每组电极板为 12 块，2 组为 4 块。将 6 块电极板用螺栓连接好且每组电极板由 1 块接线片引出，然后将电极板埋入地下。对于前述的 2 种机型来讲，埋入电极板之间的距离均为 9～75 m。

（3）主机的使用。布设好土壤处理电极后，并经检查两个电极之间没有金属短路的地方（电阻不小于 1 MΩ 便可与主机的输出电极夹相连），根据处理需要调节定时器，将定时器置于恒定或自动定时状态，同时将旋转开关置于"关"或"0"的状态。将所有的人撤离处理区，至边缘 5 m 以外的安全区域。

以上程序检查无误后即可接入 220 V 电源并根据处理需要将旋转开关置于低电压或高电压处。

使用注意事项及故障处理：开机前检查每对电极板之间的电阻情况。如电阻很小（小于 5Ω），说明两极之间有短路的地方，此时不可使用需立即排除短路故障。主机失电应首先检查后端保险管座内 25A 保险，断则更换，否则送交厂家维修。由于土壤处理采用了安全电压以上的电压，因此，严禁处理过程中人员步入处理电极布设现场。处理过程中不得同时手触 2 个电极夹。

115. 3DT - 480 型土壤连作障碍电处理机定时器怎样使用？

定时器使用方法：

（1）设置程序。只需拨动设定片（红色设定片），每个设定片为 15 min，拨到外侧为接通电源。例如：让电器在 24 h 内，工作 15 min，停止 15 min，周而复始，需将设定片数拨到外面即可。

（2）校对现在时刻。如果为了便于掌握时间，只需要顺时针旋转刻度盘，使三角箭头指向现在时刻。将控制器的时间调整为北京时间即可。如果不作此调整，不影响控制器定时。

（3）将电器用品的电源线连接定时器的电源上，电器用品务必是开启状态。

（4）再将定时器连接在电源上，电器用品即可按预先设置好的程序执行开与关，进行工作。

（5）定时位置开关务必拨到定时"on"位置，才能起到定时作用。

116. 多色介电吸虫板在日光温室有机蔬菜生产中都能防治哪些害虫？

主要用于蚜虫、白粉虱、潜叶蝇、黄条跳甲、蓟马、棕榈蓟马等趋色的微小害虫的诱杀；可用于吸附空气中病原微生物（菌丝、孢子），预防植物病害的发生（图3-4）。

图3-4 多色介电吸虫板

117. 多色介电吸虫板由哪几部分组成？为什么能有作用？

（1）组成部分。由高压电源、基板、介电涂层、耐磨保护层（黄色、橙色、蓝色、白色）构成。

（2）作用原理。微小害虫的恋色性：菜蚜好橙色；白粉虱、蚜虫、美洲斑潜蝇、黄条跳甲等好黄色；蓟马好白色；棕榈蓟马好蓝色。利用这些害虫对颜色的趋性，采用色板加介电吸附技术就能够把引诱上板的害虫牢牢地吸住致灭。

（3）使用方法。将吸虫板悬挂在蔬菜上方，底部高出植株 10～15 cm，诱杀成虫。板面吸满虫后可采用湿抹布擦抹干净。使用注意事项：不得使用尖锐器物刻画板面，不得使用火焰或高温烘烤，不得折叠、弯曲，板面吸满虫后可采用湿抹布擦抹干净即可再用。

（4）安全注意事项。表面划伤后不得用手触摸，拔掉电源后，方可采用塑料即时贴补的方式进行临时处理。

118. 温室生产有机蔬菜如何利用静电灭虫灯电杀有害昆虫？

多功能静电灭虫灯是物理农业技术植保装备，

在温室等设施中除可以控制具有飞翔习性的小型善飞害虫外，对双翅目、鞘翅目、鳞翅目具有趋光性的一些大型害虫的成虫具有良好的消灭作用，分为黄色和蓝色2种静电灭虫灯（图3-5）。

图3-5 静电灭虫灯

静电灭虫灯分为灭虫筒体、托盘、黑光灯、光控器、吊绳和静电电源六大部分。其中，灭虫筒体分为诱虫蓝色和黄色2种，其上涂有吸附电极，通电时，灭虫筒周围的电极就会产生高压静电，设备所带的高压静电具有强力的吸附能力，能将临近的飞虫吸附到电极上，电极所带的高压电能将其迅速杀死。黄色引诱趋黄色的蚜虫、白粉虱、斑潜蝇等接近灭虫筒体，蓝色引诱蓟马接近灭虫筒体，黑光灯诱吸双翅目害虫、鞘翅目害虫、鳞翅目害虫至电网处电击而死，高压电极均匀地覆盖在灭虫筒体的周围，更小的则被强电场产生的介电力吸附在黄色隔栅上而饿死。通过光控器控制黑光灯白天熄灭，夜晚开启。灯无论黑夜还是白天，电极网均带有3 000 V的高压电，而紫外灯的亮灭采用了光控器控制，白天灯不亮，夜晚亮。单灯10昼夜耗电1.8 kW·h。

安装时，静电灭虫灯布挂方式采用吊挂于植物上方0.5 m处，每667 m² 匀布挂2～3只即可。在设施内使用要配置好光控器，每天要清理一次电极的污垢，清理时一定要切断电源后半小时再清理，用毛刷顺电极纵向清理。

使用时，光控器开关的安装位置采取背光处理，使开关尽可能的处于自然环境光线下，避免负载灯管对开关造成光线干扰，以免产生频繁开关的现象。根据需要调节开关的感光度，感光度调节旋钮一般处于最右端（白天或光线强时开关不开启），逆时针方向调节，则加大感光范围，逆时针调节到头则全天候开启。

119. 温室病害臭氧防治机在温室生产中作用是什么？

温室病害臭氧防治机可以产生臭氧，臭氧是一种具有非常强的氧化性气体，能够很有效地对空气进行灭菌消毒。主要解决：冬季温室蔬菜生产中诸如灰霉病、霜霉病等气传病害以及疫病、蔓枯病等部分土传病害的防治。

通过对抽入机内的空气进行高压放电而使空气臭氧化，臭氧化的空气又通过机内气泵泵出，并沿铺设在温室空间的塑料软管或 PVC 硬质管均匀地扩散出去。环境中温度、湿度、空气成分等因素对臭氧杀菌效果都有显著影响，温度愈高杀菌效果愈差。棚温在 30 ℃以上的白天，臭氧灭菌几乎无效，因此，夜晚、阴天使用效果好。湿度的影响要复杂得多，高湿有光照的防治效果，较高湿无光照的效果差。

在高压放电激活空气产生的特殊气体物质中，除了含有大量的臭氧以外，还含有氮氧化物。氮氧化物可作为植物、食用菌所需的氮肥使用，这是使用本机可不必再增施氮肥的缘故。

120. 温室病害臭氧防治机由几部分组成？

由臭氧主机、进气管（可省掉）、扩散管、控制器三大部分组成（图 3-6、图 3-7），其中臭氧主机由臭氧发生本体、气泵等组成。

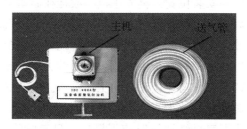

图 3-6 温室病害臭氧防治机组成

图 3-7　主机安装

备注：3DC-660A 型机在室温 25 ℃、湿度 70％的无光、空气洁净的条件下，臭氧产率可达到 6 g/h，即 600 m²×2.3 m 空间的实测臭氧浓度达到 0.08 mg/L，该浓度为可预防蔬菜气传病害的安全浓度。

121. 温室病害臭氧防治机如何安装和使用？

（1）安装位置。臭氧主机一般挂在温室中央避阳的后墙上。两扩散管一端与臭氧主机的排气口相接，并向温室（菇房）两侧延伸，此时一边拉一边应按每 3 m 一孔在管上烫孔，孔径约为 5 mm。

（2）操作与使用。自动工作设备。安装好后接通电源即可进入日复一日的自动循环间歇工作状态。当温室扒缝通风时或揭棚后，臭氧防病无效，应关机。

（3）维护及故障处理。

① 控制器、气泵工作正常但扩散管出口无臭氧味。臭氧管或高压电源老化坏掉，须由专业人员负责更换新的配件。

② 控制器指示灯不交替发光，须更换新的控制器。

（4）使用注意事项。

① 苗期开始使用可显著预防全生育期气传病害的发生，生长中期使用可在一个月内显示效果。特别提示：在黄瓜生长中期使用时，臭氧可先使黄瓜病害加重（光合作用受到抑制），但到了 20～45 d后，瓜秧适应臭氧环境后，病害开始显著减少，后期生长旺盛且无病害。

② 冬季长期使用时，臭氧输送管内易积水，且因臭氧化空气含有氮氧化物，日积月累积水就会形成强硝酸，放流时应格外注意，千万不要溅洒在身上或植株上。

第四部分
有机蔬菜采收、预处理与包装

122. 有机蔬菜包装标识是什么?

正规的有机蔬菜应贴有"中国有机产品"绿色圆形标志(图4-1),处于转换期的有机蔬菜应贴有"中国有机转换产品"(图4-2)土黄色圆形标志。

图4-1 中国有机
产品标识

图4-2 中国有机转
换产品标识

123. 有机蔬菜采收前应做好哪些工作?

应做好采前准备工作:蔬菜采收工作具有较强的时间性和技术性,采收前应根据具体情况组织安排好必要人力和物力。根据蔬菜的种类、采收的方法、成熟期、数量等准备好采收和贮藏保鲜、运输所需要的工具、机械和设备，同时安排好劳动力；要对存放和采摘产品的容器和用具进行清洗或消毒，使其保证卫生；对采收和贮运保鲜的相关人员进行培训，保证其掌握必要的采收和贮运保鲜技术等。

124. 有机蔬菜采收时间怎样确定？

蔬菜的最适采收时间主要取决于食用器官的成熟度、采收后的用途、销售市场的远近和贮藏条件等，一般来说就地销售的产品，可以适当晚采，如果用于长时间贮藏和远距离运输的产品，应适当早采。

各种蔬菜采收时成熟度的要求很难一致，一般来讲采收时的成熟度都要以风味品质的优劣作为采收的首要依据。而用于长距离运输和长时间贮藏的蔬菜产品，还要以结束时的风味品质及损耗状况为标准。因此，蔬菜产品的采收时间应根据产品的种类、用途来确定适宜的采收成熟度和采收的时间。

125. 有机蔬菜采收时如何用色泽判定成熟度？

有机蔬菜采收时用蔬菜色泽的显现与变化为依

据,确定蔬菜是否成熟。

果菜类蔬菜的色泽是判别产品成熟度的一个重要的标志。一般尚未完全成熟的蔬菜产品果实中含有大量的叶绿素,随着果实的成熟,叶绿素逐渐减少而花青素、类胡萝卜素等色素逐渐增多,使果实的色泽发生变化。

根据蔬菜的种类和采收的目的选择不同的成熟度,因而在采收蔬菜产品时对色泽有一定的要求。例如,如果番茄作为远距离运输或长时间贮藏,应在果实的绿熟期采收;就地销售,可在果顶为粉红或红色时采收;当即食用、罐藏制酱,可在果实完熟期采收。甜椒一般在绿熟期采收,制干、制酱的辣椒应在充分变红时采收,黄瓜应在果实呈现深绿色但尚未变黄时采收,而茄子呈现明亮而色泽光彩是表示成熟。采收应用此法可采用视觉判定,也可采用色度测定法进行判定。

126. 有机蔬菜采收时应注意哪些事项?

(1)采收前适当的控水。绝大多数蔬菜不宜延迟采收,延迟上市要靠保鲜贮藏来实现。蔬菜临采收前3~7 d,不宜大水沟灌。适当控水可提高蔬菜产品的耐贮性,较少腐烂,延长蔬菜采后的保鲜期。

(2)采收要在一天中温度最低时进行。采收的时间一般安排在晴天的早晨露水刚干，或是气温较低时，或在傍晚。这样有利于减少蔬菜产品所携带的大量的田间热，降低产品器官的呼吸速率，有利于采后蔬菜品质的保持。

（3）采收时要注意防止机械损伤。蔬菜采收时要轻拿轻放，尽量的避免机械损伤，机械损伤会引起微生物的侵染导致腐烂。而且在采收过程中还应剔除畸形、发育不良和有病虫害的产品。从而保证待贮产品的整齐性。

（4）采收后的蔬菜不应受到日晒和雨淋。

127. 有机蔬菜产品采收后为什么要预冷处理？怎样处理？

预冷的目的就是降低温度，但温度也不能降得过低，一般要求在 0 ℃以上，否则，蔬菜结冰会使组织死亡。此外，有些蔬菜，如黄瓜、甜椒等果菜类的温度不能低于 10 ℃。

（1）自然降温预冷。自然降温预冷是最原始的蔬菜预冷方式，就是将采收下来的蔬菜产品放置在背阴通风的地方，让其自然散去产品自身所带的田间热，其主要的缺点是降温时间长，且很难达到产品实际需要的预冷温度。但仍然可以散失部分热量，对于提高蔬菜贮运起到一定的作用。

自然降温时应选择阴凉通风的场地，并将蔬菜摊开，或用通风良好的包装器皿盛放，蔬菜产品需要及时处理，不宜放置时间过长。

（2）冷库预冷。冷库预冷是利用低温冷风进行的预冷方式，预冷库内湿度要保持在 90%～95%。在包装好的蔬菜产品堆放在冷库中，在垛与垛之间要留有足够的空隙，并与冷库通风口的出风方向一致，以保证气流的舒畅，以便更好带走热量。

128. 有机蔬菜采收后如何进行整理和清洗？

进入包装间后，要进行整理，去掉叶类菜的老黄叶，根菜类的须根等不能食用部分。清洗主要是洗掉表面的泥土、杂物和农药等。但有的蔬菜则不能水洗，如南瓜、黄瓜水洗后就不耐贮运。蔬菜经过清洗后一定要晾一下，去掉表面水分。

（1）通过整理和清洗后净菜感官标准。茎叶类菜：无菜根、无枯黄叶、无泥沙、无杂物。

（2）各类蔬菜的净菜要求。

①香料类（葱、蒜、芹菜）。不带杂物，但可保留须根。

②块根（茎）类（姜、白萝卜、胡萝卜）。去掉茎叶，可带少量泥沙，红白萝卜可留少量叶柄。

③瓜豆类（冬瓜、南瓜、苦瓜、丝瓜、豆角、荷兰豆等）。不带茎叶。

④叶菜类（白菜、茼蒿、生菜、菠菜、小青菜、小白菜等）。不带黄叶不带根，去菜头或根。

⑤ 花菜类（白花菜、西兰花等）。无根，可保留少量叶柄。

⑥ 茄科类（番茄、樱桃番茄、紫长茄）。番茄和樱桃番茄不留蒂，不裂果、不畸形。紫长茄表面没有凸起、光滑、色泽较鲜，可保留少量果柄。

129. 有机蔬菜采收后为什么要做分级处理？

蔬菜分级是发展蔬菜商品流通、提高市场竞争力的需要。主要是根据产品的品质、色泽、大小、成熟度、清洁度和损伤程度来进行分级。目前，蔬菜的分级全国尚未有统一的标准，都是根据不同的消费习惯和市场需要来决定。

130. 有机蔬菜采收后如何进行包装？

蔬菜的包装对保证蔬菜商品的质量有重要的作用。合理的包装，可减轻贮运过程中的机械损伤，减少病害蔓延和水分蒸发，保证蔬菜产品质量，提高蔬菜产品的耐储性。蔬菜的包装包括小包装（内包装）和大包装（外包装）2 种。

（1）小包装。

① 创造和维持适宜保鲜蔬菜的湿度和气体条件，保持蔬菜品质。

② 防止病虫害蔓延引起腐烂。

③ 保持蔬菜卫生，防止运输和销售过程的 2 次污染。

（2）大包装。

① 为蔬菜装卸、运输提供保障，减少搬运过程中的机械损伤。

② 为流通搬运提供方便。

③ 为市场交易提供标准规格单位。

④ 是实施蔬菜商品化的重要标志。

131. 蔬菜产品包装要遵循哪些原则？

蔬菜产品必须按同品种、同规格进行包装，包装内需排放整齐。

蔬菜产品包装一般应遵循以下几点：一是蔬菜质量好，重量准确；二是尽可能使顾客能看清包装内部蔬菜的新鲜或鲜嫩程度；三是避免使用有色包装来混淆蔬菜本身的色泽；四是对一些稀有蔬菜应有营养价值和食用方法的说明。塑料薄膜包装一般透气性差，应打一些小孔，使内外气体交换，减少蔬菜腐烂。

132. 有机蔬菜对包装材料有什么要求？

包装材料应该具有保护性，要求有一定的机械强度和一定的通透性、防潮性、清洁卫生、无污染、无有害化学物质、内壁光滑、美观、重量轻、成本低、取材方便、便于回收处理。

（1）大包装。国内蔬菜流通外包装运用较多的为纸箱（应符合 GB 8863—1988 的要求）、塑料网袋等。纸箱、塑料周转箱多用于果菜，塑料网袋和塑料袋多用于结球叶菜和根茎菜。

（2）小包装。一般使用 0.01～0.03 mm 的塑料薄膜或是塑料袋、包装纸等。内包装要注意包装蔬菜的透气性，以防止其腐烂。一般来讲有以下几种包装形式：有孔包装、不封口包装、密封包装、黏合膜包装、收缩包装和真空包装等。

① 有孔包装。有孔包装的塑料包装袋上带有直径为 5～8 mm 的小孔 6～12 个，通过小孔自动调节袋内气体和湿度，此包装适用于呼吸量大的蔬菜，如番茄、辣椒；不封口包装适合于呼吸量和水分散发量均大的蔬菜，这样可以抑制水分的散失和呼吸强度，以达到保鲜的目的，如韭菜、大葱等；密封包装主要是用低温下贮运呼吸量较小的蔬菜，要求包装的薄膜透气性较好。

② 黏合膜包装。黏合膜包装如蘑菇、绿叶菜等不规则的蔬菜产品或是容易受损的蔬菜，可以塑料盘或是盒内在收缩包装，便于运输和货架摆放；收缩包装和真空包装这两类包装最大的优点是利用膜的收缩性使之与蔬菜产品的形状及大小相互吻合。

133. 有机蔬菜外包装上应该有什么标识？

外包装上应注明商标、产品名称、等级、重量、生产单位名称、详细地址、规格、净重和包装日期、生产日期及保存条件。产品标志上的字迹应清晰、完整、准确。

134. 有机蔬菜对包装过程有什么要求？

蔬菜包装前需经过修整，应该做到新鲜、清洁、无机械损伤、无病虫害、无腐烂、无畸形、无冻害、无水渍，参照国家和地方有关标准等级进行分级包装。包装时应避免风吹、日晒、雨淋。蔬菜在包装容器中应该有一定的排列顺序，不仅要防止它们在容器中滚动和相互碰撞，还要充分利用好空间，避免蔬菜腐烂变质，而且产品通透性好。根据蔬菜的种类，包装量要适度，防止过多或过少而造成损伤。

135. 有机蔬菜采收后如何进行产品配送分级？

根据公司和客户配送要求，特对蔬菜产品包装出库进行分级，分为礼箱、零售、配菜、活动、食堂五个级别：

（1）礼箱。属于一级标准：蔬菜产品全部进行包装，并要求叶菜 500 g，果菜按个（果菜较大的最好 500 g 以上，如果满足不了，500 g 左右也可以；个体较小的要求 500 g 装），所有菜品品质保证为特级标准，并打上标签（公司名称、二维码、菜品名称、生产日期、重量）。

（2）零售。属于二级标准：蔬菜产品全部进行包装，并要求叶菜 350 g，果菜 500 g，所有菜品质保证为一级标准及以上，并打上标签（公司名称、二维码、菜品名称、生产日期、重量）。

（3）配菜。属于三级标准：蔬菜产品不包装，根据订单要求进行果菜叶菜合理搭配，所有菜品质保证为一级标准及以上，并注意在配送袋注明客户名称。

（4）活动。属于四级标准：蔬菜产品各部进行包装，并要求叶菜 350 g，果菜 500 g，所有菜品质保证为一级标准及以上，并打上标签（根据需要是否打上标签，需要销售确定）。

（5）食堂。属于五级标准：蔬菜产品不包装，所有菜品质保证为二级标准及以上，整理好。

136. 有机蔬菜贮藏应规范哪些技术要求？

（1）蔬菜仓库在存放有机蔬菜前要进行严格的

清扫和灭菌，周围环境必须清洁和卫生并远离污染源。

（2）禁止使用会对有机蔬菜产生污染或潜在污染的建筑材料与物品。严禁蔬菜与化学合成物质接触。

（3）蔬菜入库前应进行必要的检查，严禁受到污染和变质的蔬菜入库。

（4）蔬菜必须禁止不同生产日期的产品混放。对有机蔬菜与普通蔬菜进行分别贮藏。

（5）定期对贮藏室用物理或机械的方法消毒，不使用会对有机蔬菜有污染或潜在污染的化学合成物质进行消毒。

（6）工作人员必须遵守卫生操作规定。所有的设备在使用前均要进行灭菌。

（7）蔬菜贮藏期限不能超过保质期，包装上应有明确的生产、贮藏日期。

（8）贮藏仓库必须与相应的装卸、搬运等设施相配套，防止产品在装卸、搬运过程中受到损坏与污染。

（9）有机蔬菜在入仓堆放时，必须留出一定的墙距、柱距、货距与顶距，不允许直接放在地面上，保证贮藏的货物之间有足够的通风。禁止不同种类有机产品混放。

（10）建立严格的仓库管理情况记录档案，详细记载进入、搬出蔬菜的种类、数量和时间。

（11）根据不同蔬菜的贮藏要求，做好仓库温度、湿度的管理，采取通风、密封、吸潮；降温等措施，并经常检测蔬菜温湿度、水分以及虫害发生情况。

（12）仓库管理必须采用物理与机械的方法和措施，有机（天然）蔬菜的保质贮藏必须采用干燥、低温、密闭与通风、缺氧（充 CO_2 或氮气）、紫外光消毒等物理或机械方法，禁止使用人工合成的化学物品以及有潜在危害的物品。

（13）保持有机蔬菜贮藏室的环境清洁，具有防鼠、防虫、防霉的措施，严禁使用人工合成的杀虫剂。

第五部分
有机蔬菜基地管理制度与运作

137. 有机蔬菜基地对农业投入品应建立怎样的采购制度？

（1）种子应向具有种子经营权的单位购买，所选购的种子必须符合 GB 16715.2 ~ 16715.5 标准的要求。选择优质、抗病、丰产的品种，杂优技术和杂交一代新品种。

（2）农药必须向具有检验登记证、生产许可证和质量标准等"三证"的企业购买。严格按照《农药管理条例》《农药合理使用准则》的要求，科学合理选择使用农药。

（3）肥料必须向具有检验登记证、生产许可证和质量标准等"三证"的企业购买，不能购买未经登记的产品。人、畜、禽粪等有机肥料必须经过充分腐熟或无害化处理后使用。未实行生产许可证和肥料登记管理的有些肥料品种，要做到检验登记证和质量标准"两证"具有。

（4）对其他农用生产物资的采购也应向有"三证"的企业购买，才能确保生产基地实施标准化生产。

（5）生产基地必须对采购的农业投入品进行档案记载，登记造册，清楚列明农业投入品的品种、数量、规格、价格、进货渠道等。

（6）生产基地要严格按照采购制度进行农业投入品的采购，对擅自违规操作的进行相应的处罚。

138. 有机蔬菜基地应建立怎样的农业投入品仓库管理制度？

（1）有机蔬菜基地应配备专门的农业投入品仓库和仓库管理员，农业投入品入库前必须进行检验，经检验合格后方可入库。入库的农业投入品要进行分类整理且排放整齐，并作好登记，其中包括农业投入品的品种、数量、规格等，并做好农业投入品仓库管理卡。

（2）种子、肥料和农药应有干燥、通风的专用仓库储放，防止种子、化肥和农药霉烂、变质、受潮、结块等，并由仓库管理员管理。必须做好仓库的防火、防盗、防水等工作。

（3）农药要有专门的房间存放，对杀菌剂、杀虫剂分开放，并认真贴好标记，对农药的进出必须严格登记。

（4）仓库管理员应按领料单发货，并保存好该存单，填写好农业投入品仓库管理卡。对种子、肥料、农药使用后的剩余，必须及时退回仓库，并办理相应的手续，以防止散失农药、肥料给人、畜、蔬菜和环境带来的危害。

（5）对使用后的农业投入品（肥料、农药等）的包装袋、瓶、箱子应集中回收，统一处理，以防止造成环境2次污染。

（6）仓库管理员要认真做好仓库的安全卫生工作，做到整齐、美观。

（7）仓库管理员对各项农业投入品设立购、领、存货统计工作，凡购入、领用物资应立即作相应记载，及时反映农业投入品的增减变化情况。每月对库存农业投入品进行一次盘点。

139. 有机蔬菜基地应建立怎样的田间档案管理制度？

（1）蔬菜基地基本情况的记录。田间档案须记录蔬菜基地的名称、负责人、种植面积、日光温室编号、蔬菜种植情况（播种、种子数量、前茬茬口、定植期等）。

（2）田间用药情况的记录。记录田间生长期间分次发生的病、虫、草害名称，防治药剂名称、剂型、用药数量、用药方法和时间以及农药的进货渠道等。在对田间土壤、育苗营养土、营养钵、种子等进行消毒处理时，也应记载相应的用药情况，并记录此次作业活动的实施人和责任人。

（3）田间用肥情况的记录。记录田间生长期间分次所用肥料（包括基肥、叶面肥）的名称、用肥数量、用肥方法和用肥时间以及肥料进货渠道等，并记录此次作业活动的实施人和责任人。

（4）采收情况的记录。记录产品分期分批采收时间、采收数量的情况。

（5）田间档案必须记录完整、真实、正确、清晰。

（6）田间档案应有专人负责记录管理，当年的田间档案到年底整理成册，保存到档案袋，保存期限为5年以上。

（7）加强对田间档案记录检查、监督及不定期进行抽查。

140. 有机蔬菜基地应建立怎样的农药使用管理制度？

（1）有机蔬菜基地使用的农药必须由专人进行定点购买，只能使用有机蔬菜级农药，绝对禁止使用禁用农药。

（2）所购农药要进行专库存放。蔬菜基地必须配置独立的农药仓库及专用的农药喷洒器具。

（3）农药总账的建立。仓库管理员须详细核对领用农药的品种、规格、数量、并做好出入库记录清楚标明农药领用人、领用农药的品种和数量、领用日期、使用用途及使用地点等。

（4）根据病虫测报使用农药，需有详细、准确地记录。根据病虫测报，结合实地情况，及时作出蔬菜的病虫测报。

（5）农药发放必须经负责人签字。负责人必须按照基地领导批准的"使用农药通知单"上表明的农药品种和根据使用田块的总面积来领用农药。

（6）农药使用的规定。

① 在施用农药时须在基地植保员的指导下配制农药。

② 喷洒时须密切注意现场气象状况，露地作物施药不得在雨天或大风天气下进行。相邻田块有其他作物并处于下风时，该田块不得用机动喷雾机喷药，而改用背包式小型机，以避免药雾吹到相邻作物上。

③ 植保员须根据施药进度，严格掌握用药剂量。每次施药的实际用量与规定用药量之间的误差不超得过 5%。

④ 喷洒器具的集中管理。每次施药结束，须将喷药器先用碱水洗一遍，再用清水认真冲洗。机动和手动喷雾器清洗的程序是先用清水，再用碱水，最后用清水，以彻底清除机泵及胶管内的残留农药。药具经清洗后，放入专用仓库内由仓库管理员妥善保管。禁止将场外农药机具带入场内使用。

141. 有机蔬菜基地产品的标志、包装、贮存制度有什么特殊要求?

（1）标志。每一包装上应标明产品名称、产品的标准号、商标、生产单位名称、详细地址、产地、规格、净含量和包装日期等，标志上的字迹应清晰、完整、准确。

（2）包装。

① 包装材料使用目前国家允许使用的材料。

② 用于蔬菜包装的塑料箱、纸箱、塑料袋、网袋等须按不同规格设计，同一规格必须大小一致、整洁、干燥、透气、美观、无污染、无异味，内壁无尖点物、无虫蛀、腐烂、霉变等，纸箱无受潮、离层现象。塑料箱（袋）应符合无毒等相关标准的要求。

③ 将产品按不同规格进行分别包装。

④ 每批产品所用的包装、单位质量须一致。

⑤ 包装检验规则。逐件称量抽取的样品，每件的重量（净含量）应符合规定的要求。

（3）贮存。

① 应按品种、规格分别贮存，并做好标识。

② 贮存温度应控制在 $0 \sim 4 \, ℃$。

③ 贮存相对湿度应保持在 $80\% \sim 95\%$。

④ 贮存时库内产品应离地、离墙、保证气流均匀流通。

（4）运输。

① 出口外销保鲜蔬菜应使用具有温度控制能力的集装箱运输车运输。

② 运输前应进行预冷，运输过程中要保持适当的温度和湿度，保持清洁、卫生，注意防冻、防

雨淋、防晒、通风、散热。

142. 有机蔬菜生产基地怎样配置人力资源?

基地经理(主管)、蔬菜技术员、统计员、蔬菜种植员等。

143. 有机蔬菜生产基地主管工作职责是什么?

(1) 蔬菜基地经理 (主管) 负责示范基地的全面工作。

(2) 负责组织蔬菜基地的生产、督促生产计划的安排及落实,掌握各生产单位的产量情况,并作出适当的安排。

(3) 负责掌握财务收支状况,控制生产成本,提高经济效益,落实完成公司领导下达的各项任务。

(4) 负责蔬菜基地的人员管理工作,经常组织员工学习蔬菜种植技术,努力提高他们的人员素质和技术水平。

(5) 做好蔬菜基地周边环境的治理、抓好安全生产,为蔬菜基地的生产创造良好的环境。

(6) 组织好蔬菜基地的各项工作,督促检查基地的卫生和安全工作。

144. 有机蔬菜生产基地技术员工作职责是什么?

（1）蔬菜技术员在主管的领导下，负责基地蔬菜生产技术的指导和实施。

（2）有计划、有重点的观察各种蔬菜的生长规律及特点，根据实际情况及时制订出适合的园艺措施并付诸实践，同时指导种植人员科学管理各项工作，有效解决蔬菜种植中遇到的困难。

（3）每天对每一个生产单元进行一次观察，及时对植株的生长状况进行了解，并对观察的情况进行整理，制订日报表交于统计员，由统计员输入电脑后进行记录和保存。

（4）指导蔬菜种植员防治蔬菜生长过程中发生的病虫害，做好各生产单元种植前的消毒工作，定期给蔬菜种植人员传授蔬菜种植的基础知识和实用技术。

（5）做好蔬菜技术种植资料的总结和积累工作，月底进行总结，上报经理并备案。

（6）完成基地领导交给的其他任务，积极参加基地组织的集体活动。

145. 有机蔬菜生产基地统计员的工作职责是什么?

（1）统计员负责基地的数据统计和记录管理等

工作，对各个蔬菜生产单位上报的田间日常园艺操作和农药、肥料的施用情况进行汇总和整理，并做成日报表和月报表进行分析，做出每个生产单位的每个指标的日变化曲线图，以利于日后的分析和总结。

（2）对蔬菜的日常园艺操作的整理和统计。

① 发生的病、虫、草害名称，施用农药名称、追肥、剂型、用药数量、用药方法和时间，以及农药的进货凭证等。

② 生长期间分次所用肥料（包括基肥、叶面肥）的名称、用肥数值、用肥方法和用肥时间以及肥料进货凭证等。

③ 产品分期分批采收时间、采收数量、出库数量等情况的统计。

④ 农业投入品和蔬菜的入库、出库等记录。

（3）为每一个生产单位设立一个档案，将每月的田间档案记录整理成册，保存到档案袋。

（4）将所有的生产单位的档案进行汇总成整个蔬菜基地的年档案，保存到文件柜，保存期限为5年以上。

（5）对整理的数据资料必须输入电脑，进行统一的管理，每天由技术员进行审查。

（6）加强对田间档案记录整理工作，每周向技术员汇报一次工作。

（7）完成上级领导交付的其他任务，并积极参加基地组织的集体活动。

146. 影响有机蔬菜专卖店盈利的原因是什么?

(1) 消费者对产品的认知度不高。国内绝大部分消费者对有机蔬菜缺少必要的了解,对普通的消费者而言不是缺少购买力和需求,而是真正了解蔬菜安全和有机蔬菜基本的媒体报道和传播比较少,缺少针对性。目前不断出现的食品安全问题,很多角度也是集中在事件报道本身问题,未对食品安全的深层问题和解决方案提供详尽的报道,让许多消费者对最高食品安全标准的有机食品望而却步。

(2) 消费者对选购有机食品缺乏鉴别能力。由于蔬菜本身凭借外观和包装很难辨别品质,一些有机蔬菜消费者对购买到的有机蔬菜存在疑惑,担心买到的不是真正的有机蔬菜。

(3) 对有机蔬菜认证缺少信赖感。建立良好的产品回溯系统,建立完善的品控体系,选择国际认证,是解决这一问题关键前提,要让消费者对买到的有机蔬菜有充分的信赖感,需要做很多细致的工作。

147. 有机蔬菜生产种植档案能告诉消费者什么?

品种名称、种子来源、播种日期和量、土地耕作的时间和方式、施肥的时间、数量和肥料名称、来源、除草的时间、方法、采取植保措施的时间、方法、原因及用量、灌溉的时间、数量和水的来源、收获的时间、方式、数量以及种植期间发生了的其他重要事情。

第六部分
常见有机蔬菜种类生产技术

148. 有机蔬菜种植黄瓜种子如何进行温汤浸种和催芽？

选用符合有机黄瓜生产条件的种子。

将黄瓜种子、嫁接砧木黑籽南瓜种子装入纱布口袋，0.1％的高锰酸钾溶液，浸种 15 min，然后用清水洗净种子。用 37 ℃温水预热 10 min。预热过程中不断轻轻晃动纱布口袋，以排除种子表面空气，打破包围种子表面的气膜，确保每粒种子浸湿均匀彻底。经过预热的种子放入另一个水容器中，黄瓜种子 50 ℃，砧木种子 55 ℃，保持 20 min，进行高温消毒。高温消毒后，将装有种子的纱布口袋放入冷水中或用冷水冲淋降温。种子降温后，在 25～30 ℃的条件下催芽，经 24～36 h 即可出芽。

149. 黄瓜插接法嫁接怎样操作？

嫁接在晴天的散射光或遮光条件下进行。将砧木放置在高度合适的平台上，用手从砧木真叶一侧剔除真叶和生长点。用竹签紧贴砧木子叶基部的内侧，向另一子叶基部的下方呈 $30°\sim45°$ 斜刺一孔，不能刺破表皮，深 $0.5\sim0.8$ cm。将接穗在子叶下部 1.5 cm 处用刀片斜切一个 $0.5\sim0.8$ cm 的楔形面，长度大致与砧木刺孔的深度相同，然后从砧木上拔出竹签，迅速将接穗插入砧木的刺孔中，使砧木、接穗子叶交叉呈"十"字形。

150. 黄瓜靠接嫁接怎样操作？

（1）起苗。将黄瓜苗和黑籽南瓜苗起出，起苗时尽量减少根系受伤。

（2）黑籽南瓜苗削切。用刀尖切除苗的生长点（竹签挑除生长点），然后用左手的大拇指和中指轻轻把 2 片叶子合起并捏住，使瓜苗的根部朝前、茎部靠在叶子上，右手捏住刀片，在南瓜苗茎窄的一侧紧靠子叶（要求刀片的入口处距子叶节不超过0.5 cm），与苗茎呈 $30°\sim40°$ 的夹角向前削一长度为 $0.8\sim1$ cm 的切口，切口深达苗茎的 2/3 左右。切好后把苗放在洁净的纸或塑料薄膜上备用。

（3）黄瓜苗削切。用左手的大拇指和中指轻轻捏住黄瓜苗根部，子叶朝前，使苗茎部靠在食指上，右手持刀片，在黄瓜苗茎宽的一侧（子叶着生的一侧），距子叶约 2 cm 处与苗茎呈 $30°$ 左右的夹角向前削切一刀，刀口长与黑籽南瓜苗的一致，刀口深达苗茎粗的 3/4 左右。

（4）嵌合。瓜苗切好后，把黄瓜苗和黑籽南瓜苗的切面对正、对齐，嵌合插好。黄瓜苗茎的切面要插到南瓜苗茎切口的最底部，使切口内不留空隙。

（5）固定。2个瓜苗的切面嵌合好后，用塑料夹从黄瓜苗一侧入夹，把2个瓜苗的接合部位夹牢。

（6）栽苗。离地靠接法在嫁接结束后，要把嫁接苗栽到育苗钵内。栽苗时，黑籽南瓜苗要浅栽，适宜的栽苗深度与原土印平或稍浅一些，以避免接口遭受到土壤污染。另外，为便于嫁接苗成活后能顺利地切断黄瓜的苗茎，2个瓜苗的根部应相距0.5~1 cm远栽入地下。但2个瓜苗的根部也不可相距的太远，以免妨碍2个瓜苗切面的正常贴合。两瓜苗之间的距离应视苗茎的高度来定，苗茎高时可远一些，反之则近一些。

151. 黄瓜苗期怎样管理？

苗期要求低温，尤其是夜间温度以12~15 ℃为宜，以促进雌花分化，要求每5 d长1片叶。苗2叶1心、苗龄30 d左右就要定植，苗龄太长会形成老化苗，影响前期产量。定植前1周，要进行炼苗，把夜间温度降到10 ℃左右。注意：黄瓜子叶长出后，要及时喷阿维菌素和恶霉灵（或普力克、百泰等），防止小跳蚤咬黄瓜新叶，预防猝倒病。

152. 什么是黄瓜"双砧嫁接"育苗技术？怎样育苗？

双砧嫁接是利用黑籽南瓜＋白籽南瓜作为砧木，嫁接栽培品种接穗的技术。

(1)"双砧嫁接"容器与砧木的选择。砧木采用圆形双孔 60 g 泥炭营养块（一体化育苗营养基）为载体。泥炭营养块养分齐全，带基嫁接和定植，不伤根，嫁接后苗木失水少，嫁接成活率高，定植后不缓苗，植株生长快。

选用黑籽南瓜＋白籽南瓜做砧木，冬春茬黑籽南瓜做砧木可以提高其抗寒性，白籽南瓜优化品质，前期白籽南瓜根系长势快，中期黑籽南瓜根系长势快，后期双根长势旺盛。

(2)种子处理。9 月下旬，用 100 万单位农用链霉素 500 倍稀释液浸种 2 h，防细菌性病害，浸种消毒后均用清水冲洗干净，阴干。消毒后种子在 25～30 ℃的温度下清水浸种 6 h。催芽前把种子从水中捞出，用湿布包好，放在容器内，置于 28～30 ℃室内催芽。每隔 6 h 温水漂洗 1 次，至种子露白。

(3)播种。

① 砧木播种。将苗床底部平整压实铺一层聚乙烯薄膜，按间距 3 cm 摆放营养块。用喷壶由上而下向营养块喷水，薄膜有积水后停喷，积水吸干

后再喷，反复 6 次，直到营养块完全膨胀（用牙签扎透基体无硬心）。放置 12 h 后在泥炭营养快的双孔内单粒点播南瓜种子，每孔 1 粒，种子平放穴内，上覆 1.5 cm 厚的蛭石。播后保持营养块水分充足。

② 黄瓜接穗播种。砧木苗播种 3 d 后，用蔬菜育苗盘（72 孔）为容器，基质采用泥炭土∶蛭石＝1∶1。单孔单粒播种，播种后浇水并用薄膜覆盖保湿，培育黄瓜接穗苗。

（4）嫁接。

① 嫁接时期。砧木和接穗刚露出心叶时为嫁接的最佳时期。

② 嫁接方法。将双孔泥炭营养块中 2 株砧木苗相对方向分别从子叶处 30°削切斜面，削切掉真叶和另一片子叶，砧木上只留 1 片子叶。削切时要求一刀到位，不能返刀，刀片要足够锋利，操作要快。接穗削切部位在子叶往下约 1.5 cm 处，削切时保持接穗的颈部不动，在对称的位置各削出约 15°的斜面，使接穗底部最后形成 2 个削切面组成约 30°的楔形，黄瓜子叶压在南瓜子叶上，并呈"十"字形，将 2 个砧木的切面和接穗贴合后用嫁接夹子夹好固定。

（5）嫁接后管理。嫁接后苗床扣 1 m 高小拱棚并封闭，高温高湿是缓苗期的理想环境，拱棚内白天温度控制在 28～32 ℃，夜间温度不低于 18 ℃，空气湿度 95％以上，遮阳 3 d 后要视接口愈合情况和天气状况逐渐见光和通风，中午温度较高时逐渐给小拱棚通风1～2 h，逐渐降低拱棚内温度和空气湿度。苗期及时补充水分。一周后可撤掉遮阳网，经过10 d左右，嫁接苗即可成活。苗龄20～30 d达到2叶1心时定植。按株距30 cm挖定植穴（直径刚好放进泥炭营养块，深度以块体低于垄面1 cm为宜），每667 m² 2 800株。将嫁接苗定植在定植穴内，用取出的垄土填平定植穴。定植后垄沟浇水，使水向垄两边渗透至营养块内吸水充足。

153. 黄瓜吊蔓有什么新技术？

应用吊落蔓器吊蔓与落蔓是黄瓜生产中调整植株长势的新技术措施，黄瓜茎蔓如果不及时进行吊蔓，其茎蔓就会匍匐在地上，影响黄瓜的正常生长。人工落蔓劳动强度大、烦琐，人工落蔓操作时易发生的断苗、歇蔓而影响采瓜。

（1）吊落蔓器组成。由壳体、卷筒轴、摇把三部分组成，壳体上有挂钩、口字形架体、棘轮、锁销，口字形架体部分两侧的壳体上有一组对称的支撑孔，下端设有一吊绳出口，支撑孔内安装有旋转轴，旋转轴上设有卷筒，卷筒上缠绕吊绳，卷筒的两侧分别设有挡板，其中一侧的挡板与口字形架体部分的壳体之间固定棘轮，与棘轮相互配合的止动棘爪（锁销）通过支柱铰接在挡板与壳体之间。吊绳为抗老化塑料绳，长度4～5 m，可以连续使用5

年以上。

（2）吊落蔓器使用。

① 悬挂行线配置与吊落蔓器悬吊。在温室中骨架上，顺着行向，布置行线，线在植株上方悬挂，行数与室内种植行数相同，将吊落蔓器挂在线上。

② 吊蔓。吊蔓在黄瓜秧苗 5～6 片叶、龙头向下弯时进行，悬吊植株 3～4 节部位，其下瓜条摘除。

③ 落蔓。当黄瓜植株主蔓高度距离温室棚膜顶端 20 cm 时及时进行落蔓。

④ 采瓜调整结果部位。在黄瓜采收和日常的除卷须绕蔓时就可以随手放蔓，不解扣、不抽绳，可以实现小幅度、多次随时放蔓，对瓜蔓无损伤，不歇蔓，使瓜蔓高度一直保持在最佳结瓜高度，每年使采摘期比人工落蔓相对多 40 d。增产效果明显巨大，保守估计平均每株可多收益 3～5 元以上。吊落蔓器一次投入（单个 0.5 元左右），可多年使用，当年投入当年收益。采用电动卷绳机（电钻）自动收卷吊绳，卷绳速度快、效率高，省时省力，工作强度低。

154. 有机黄瓜育苗前如何检测种子的出苗率？

测试有机黄瓜种子的出苗率，从买回的黄瓜种子中倒出 50 g，用 25 ℃温水浸种 6 h，沥干后装入布袋中，在 25 ℃下保湿催芽，每隔 12 h 用冷水浸漂 3 min，增加袋中氧气、防止有机酸、微生物等有害物的形成。2～3 d 后统计种子出芽率、芽势，要求出芽率整齐一致，且芽眼饱满，证明种子发芽能力强且出苗率好，这样的种子可进行播种。(种子发芽起始温度为 12 ℃，最适温度为 25～30 ℃)。

155. 有机生菜生产如何选择品种和育苗?

(1) 品种选择。半结球生菜有意大利全年耐抽薹、抗寒奶油生菜等；散叶生菜有美国大速生、生菜王、玻璃生菜、紫叶生菜、香油麦菜等。以销售小菜为种植目的，以"玻璃生菜"为好。

(2) 播种育苗。7 月上旬育苗，每 667 m² 栽培面积安排苗床 20～30 m²，用种量 20～25 g。夏秋季采用遮阳网或阴棚栽培。播种前结合整合地每亩施腐熟农家肥 1 000～1 500 kg。

夏秋季播种，种子须进行低温催芽，其方法是：先用井水浸泡 4 h 左右，用手搓洗后用湿纱布滤水并包好，置于 15～18 ℃温度下催芽。可将种子放在小笼里用绳子吊于水井中催芽，或放于冰箱中 (温度控制在 5 ℃左右) 24 h 后再将种子置于阴凉处催芽；待 80% 的种子露白便可进行播种。

播种前苗床土壤含水量控制在 50%～60%，

将种子与等量细沙混匀后撒播，覆土厚 0.5 cm 左右。幼苗长出 1～2 片真叶时方可间苗。冬季和早春大棚或露地育苗不但要注意苗床保湿，还要控制浇水量，防止土壤湿度过大；夏、秋季露地育苗，须用遮阳网覆盖，每天早、晚各喷水 1 次，保持土壤湿润。

156. 秋季塑料大棚生产生菜何时定植？怎样管理？

（1）适时栽培。"玻璃生菜"苗龄 25 d 左右，8 月初 4～5 片真叶时可定植，株行距 40 cm×25 cm，每 667 m² 定植 6 500 株。每 667 m² 施有机肥 2 000～3 000 kg。菜苗应尽可能带土移栽，栽后浇足定根水。栽植深度以不埋住心叶为宜。高温季节，栽后及时覆盖遮阳网，应在下午 4 时后移栽。大棚栽培，白天温度应控制在 12～22 ℃适宜，温度过低（10 ℃以下）应注意保温，温度过高（25 ℃以上）应将大棚两端薄膜掀开通风降温。

（2）田间管理。生菜主根短，须根发达，需肥料较多，应勤施肥。缺肥时追施腐熟好的豆饼每亩 100 kg。定植后需水量大，应根据天气、土壤含水量情况适时灌溉，若连续 5 d 不下雨应间隔 5～7 d 沟灌 1 次，生长中后期土壤含水量保持在 30%～40%。

（3）病虫害防治。有机生菜的病虫害防治采用预防为主，综合防治的办法。虫害可用频振式杀虫灯诱杀。喷施1:1:100波尔多液可防多种病害。

（4）收获。生菜定植后45 d左右收获，亩产量2 000 kg左右。

157. 什么是芽球菊苣？

芽球菊苣是一种优质高档的保健蔬菜新品种，是以菊苣的肉质根经软化栽培后所形成的一种呈炮弹形芽球的体芽菜，长10～15 cm，直径4～6 cm，单球重75～100 g，最大的可达200 g，乳黄色，品质脆嫩，风味独特，富含马栗树皮素、野莴苣苷、山莴苣苦素而略带苦味，具有清肺利胆的保健功效。

158. 芽球菊苣如何选择品种？

芽球有乳黄色、红紫色和紫红边芽球等品种。

（1）乳黄色品种。

① 科拉德。软化芽球非常整齐、紧凑，单芽球重150 g，纺锤形。该品种休眠期较短，可用与早熟水栽软化，品质极佳。

② 梅切丽斯。软化后的菊苣芽球非常整齐、紧凑，用作中晚熟和晚熟水栽软化。软化栽培前需经低温贮藏处理。

③ 特利劳夫。肉质根需冷藏后再行软化栽培。芽球紧凑，产量高，质量高，可不用土覆盖，但不适宜水栽软化。

④ 艾切利尼莎。植株生长势强，容易栽培，宜直播。软化芽球整齐、肥厚，单芽重 100～150 g，乳黄色。

⑤ 巴西白菊苣。株根休眠期不明显，软化后的芽球较白。

⑥ 沃姆。软化芽球奶白色，近似椭圆形、紧实、质脆嫩、口感好，单芽球重 150～300 g。株根没有休眠期，挖根后可以直接进行软化栽培，水培、土培、不用覆盖均可。

⑦ 白河。株根没有休眠期，挖根后不用经过冷藏处理，可直接进行软化栽培。

(2) 红色芽球品种。

① 德国红菊苣。肉质直根较细小，植株生长势较弱，叶片绿中带深紫红色。促成栽培后芽球形较少，近椭圆形，叶肉红紫色，主叶脉和叶鞘奶白色，质脆嫩，与乳黄色品种比较其苦味较淡，清甜味更浓，口感好，单芽球重 30～80 g，芽球见光后茸毛增多。

② 法国红菊苣。芽球较小，叶肉较厚，边缘微皱，叶缘紫红色，叶脉及近叶脉处的叶肉奶白色，味甘甜，质脆，优质。

159. 菊苣对栽培环境条件的要求是什么？

(1) 温度。菊苣属半耐寒性蔬菜，地上部能耐短期的－2～－1℃的低温，肉质直根冬季用土埋住稍加覆盖，只要不被霜雪直接接触根皮，即能安全越冬。植株生长的温度以17～20℃为最适，超过20℃时，同化机能减弱，超过30℃以上，则所累计的同化物质几乎都为呼吸所消耗。但是，处于幼苗期的植株却有较强的耐高温能力，生长适温为20～25℃，此阶段如遇高温0℃以上，会出现提早抽薹的现象。促成栽培软化菊苣时期，适温15～20℃，以18℃最佳。温度过高芽球生长快，形成的芽球松散，不紧实，温度过低则迟迟不能形成芽球，但不影响芽球的品质。

(2) 水分。菊苣在整个生长发育过程中都需要湿润的环境。播种后如土壤水分不足，会延迟发芽出苗时间。但在苗期，为了促进根系的发育，需适当控制水分，做到田间见湿见干，植株发棵后，直根开始膨大，应保证水分的供给。

(3) 光照。植株营养生长期需充足的光照，肉质根才能长得充实。促成（软化）栽培时则需要黑暗的条件。

(4) 土壤。宜选择肥沃疏松的沙壤土种植。菊苣对土壤的酸碱性适应力较强，但过酸的土壤不利于其生长。

160. 芽球菊苣怎么育苗？

(1) 种子的准备。菊苣种子的千粒重为1.2～

1.5 g。菊苣的种子的芽率应在 80% 以上，直播用种 150 g，育苗用种 30 g。

（2）播种育苗期。软化菊苣适宜秋季栽培，春季栽培易抽薹不能形成良好的根株。北方地区宜 7 月 10～20 日播种。

（3）播种。菊苣宜直播，育苗移栽易形成弯根或歧根。但直播用种量大大增加，否则易出现缺苗断垄。弯根、叉根对软化产量品质影响不大。可采用穴盘育苗，提前测定发芽率，按发芽率和田间苗密度确定种子用量。田间直播宜按3～5 倍育苗用种量进行播种，开沟撒播或开穴点播皆可，覆土 0.5～1.0 cm，镇压后即可浇水，4 d 即可出苗。

161. 芽球菊苣肉质根怎样生产？如何采收、整理与贮藏？

（1）播种。北方地区 7 月下旬至 8 月上旬高垄直播。垄距 40～50 cm，每垄种单行；或垄距 60～70 cm，每垄种双行。干籽条播或穴播，播深1.5～2 cm。每亩用种子 0.2～0.3 kg。

（2）播种后管理。注意及时定苗。单行种植株距 20～25 cm，双行种植株距 30～35 cm。定苗时在行间沟施 1 次腐熟优质有机肥，每亩用量 1 000～1 333 kg，施肥后浇 1 次大水，然后中耕蹲苗。进入肉质直根膨大期（叶丛封垄后）增加浇水次数和浇水量。

（3）肉质直根收获。一般于11月上中旬，外界最低气温降至 -2 ℃前，此时菊苣植株经栽培110～120 d，收获肉质直根。收获时要尽量将根群全部挖起，不留断根在土中。根株收获要在晴天进行，切去地上部叶丛（注意基部留 2～3 叶柄茬）。将肉质直根挖出，就地码堆暂存，堆放时植株叶朝外，根朝里，码成直径为 1 m 左右的馒头状小堆，以免肉质根受冻和失水。待到11月下旬气温进一步下降，土地即将封冻时按肉质直根大小分级，入库贮藏。一般 1 亩大田栽植成的肉质根，乳黄（白）色品种可供 50～60 m² 软化床栽培，红色芽球品种23～25 m²。

（4）肉质直根贮藏。冷库温度保持 -2～0 ℃（长期贮存）或，0～2 ℃（短期贮存），空气相对湿度保持 90%～95%。贮存 1 周后抽检 1 次，此后每月抽检 1 次，如发现肉质根有腐烂、冒芽、脱水等异常情况，应酌情进行"倒袋"。短期贮存最长存放期可至翌年 4～5 月，长期贮存可至翌年夏秋季。

162. 芽球菊苣在什么条件下软化生产？软化方法有几种？

菊苣的根无休眠期，根株收获后即可进行软化栽培。在黑暗的条件下软化栽培，保持湿润，温度10～12 ℃时，需 30～40 d 收获芽球；温度 18～

20℃，20～25 d 能形成白色芽球。肉质根与芽球的产出比为 10∶7 左右，一般每平方米收芽球27.5 kg。

163. 用水培法生产芽球菊苣的设施条件有什么要求？

设施应具有良好的保温性和避光性，有良好的供、排水系统，完善的通风设备，具有良好的采暖设备、安全的电源设备。

164. 水培软化芽球怎样调节温度？

（1）采收时间。芽球的采收决定于床内的温度，18～20℃时 20 d 左右就可以采收；若温度在10～12℃时，则需 30～40 d 才能采收。若温度偏高，虽然形成芽球的时间缩短，但芽球松散，商品质量下降。

（2）采收标准。合乎商品规格的绿色叶品种的芽球呈乳黄白色，芽叶肉质厚且抱合紧实，长约12 cm，最粗处横径约 6 cm，单个重 80～100 g。红色种芽球形状及重量均较小。

（3）采收方法。采收时从芽球基部切割采收，剥去有斑痕、破折、损烂的外叶，进行小包装，随即上市。如不上市要及时遮光保藏于 0℃，相对湿度 95％以上的库内。菊苣的主芽球收获后，还能在肉质根切口的四周形成侧芽，只是需要时间较长，侧芽的数量也多，细长，一般每个 10～20 g，这种 2 次收获的侧芽也有其特色。

165. 怎样用水培法软化芽球菊苣?

(1) 根株一定要洗干净，并除去老叶柄，将肉质直根从根头部以下留 13 cm，切去尾根，使根部具有同一高度，水培前切去部分肉质根底部的根尖，有利于芽球的生长，并且芽球更紧实，长度也相应缩短。

(2) 将肉质直根堆放在 18～20 ℃的通风处，促进其伤口愈合，24 h 后将其插入栽培床。

(3) 消毒。将修整后的种根放入 0.1％的高锰酸钾溶液消毒 5 s，然后捞出摊晾 3～4 h 备用。

(4) 装箱。栽培箱内设有网架，利于摆放整齐。将种根分等级插于箱内，种根顶部保持平齐，种根垂直排紧，不得斜插。装箱后及时送入车间，尽量缩短在外部的停留时间。

(5) 上架。为便于栽培管理，将车间划分为若干个栽培区组（供水区组），将装好的栽培箱按栽培区组整齐地摆放在栽培架上，每个区组的上架工作要 1 次完成，中途不得停顿，以免影响统一管理。

(6) 每一区组上架完成后，要及时注水。要用流动水，水质清洁，最佳水位应在根株的 1/2 以下、1/3 以上，箱内水深以 5～7 cm 为限，不能过深。此后每 1～2 d 续加清水 1 次，直至收获（有条件的可设置循环水，效果更佳）。

（7）温、湿度及遮光的控制要严格。将肉质直根堆放在 18～20 ℃的通风处，每天要定时进行 2～3 次通风换气。培养床内空气相对湿度应保持在 95％以上，低湿度条件下形成的芽球松散，重量轻纤维多，食用时口感差。一般需安装排风扇进行强制排气通风。

（8）微弱的自然光和弱灯光下 1～2 h 就会发生芽球绿化现象，超过 5 h 后，芽球的外叶及内叶顶端都会明显地转绿，品质下降，因此操作时动作要快。

166. 芽球菊苣如何制种？

留种株的选择：从软化栽培中选出芽球外观好、合乎商品标准的根株拔起，集中种植于采种圃，与其他菊苣品种和菊苣隔离，夏季拔除过早抽薹开花植株。大批种植盛花期后去顶。植株中部种子转黄色即割下，晾晒干后脱粒，风净保存备用。少量采种时应分批采摘成熟的种子。

167. 芽球菊苣如何食用？

软化栽培的菊苣芽球主要用于生食。大型的芽球洗净后把叶瓣剥下，整片叶蘸酱，做成鲜美开胃的凉拌菜。小个芽球可整个食用。清洗时不能用沸水冲洗（经加温后即变褐色变软而苦），可炒、煮。外层有破损的外叶，洗净后可用猛火爆炒，炒熟即食，不宜久放。

168. 水培芽球菊苣培养箱、培养架结构是怎样的？

用三角铁（70 mm×70 mm×3 mm）焊接成高150 cm，宽100 cm，底层距地面30 cm，中间层距顶、底层6 cm的三层立体栽培架，四周及底部用薄型不锈钢板（厚2～3 mm），做成高度30 cm水培床。在各层床底一侧均布设一个高8 cm、直径15 mm的PVC水深位置指示管，指示管底部接回水管，另一侧布设进水管。当进水水位超过指示管时，水将经过指示管流到回水支管，保持液面水位高度。每层床底均布设一个直径20 mm的回水支管，管口上部与床底面相平，下部10 cm，安装阀门，用于换水时放水。栽培床使用时用PE塑料棚膜铺床底及四周。每个栽培架旁配置一个60L塑料贮水箱盛水。用24 V微型自吸泵贮水箱中抽水，经回水管回流水至贮水箱，完成水循环，用定时开关定时，栽培设施使用前用0.1%的高锰酸钾溶液进行消毒。栽培箱为60 cm×40 cm×18 cm的塑料箱，箱内设有网架。

169. 水培法芽球菊苣的软化环境怎样? 中后期怎样管理?

(1) 控制温度。生产车间温度控制在 12～15 ℃之间。

(2) 避光生产。栽培架顶部及四周均用黑膜遮盖，避免光线透入。

(3) 水分管理。前期 (从种根入箱到芽球长到 3 cm 高)，每天换 1 次水，每次换水量为箱内总水量的 1/3。中期 (芽球 3～8 cm 高)，每天换 2 次水，每次换掉箱内总水量的 2/3。后期 (芽球 8 cm 高至采收)，每天换水 2～3 次，每次换掉箱内全部的水。注意不要用 10 ℃ 以下的低温水。循环水中应投放适量的氯化钙或漂白粉。

(4) 通气。前期每天换气 1 次，每次 30 min；中期每天换气 2 次，每次 30 min；后期每天换气 3 次，每次 30～40 min。

(5) 照明。生产车间用红光照明，并注意随手关灯。

170. 水培法芽球菊苣怎样采收和包装芽球?

(1) 芽球采收。芽球长到 10～15 cm 或120～130 g 即可采收。采收时整箱移到采收车间。采收时割刀位置为芽球和根茎的结合处，不可过上或过下，以芽球不散叶为准，注意保留侧芽。每箱可产芽球 7～8 kg。

（2）产品等级、规格。分成特级、一级、二级3个等级，特级产品要求抱球紧实，外叶长不小于整球长的 3/4；一级、二级产品外叶长不小于整球长的 1/2。芽球长均在 10～12 cm，颜色为黄白色。

（3）包装。芽球菊苣采用纸箱包装，每箱码放两层，为防止芽球见光变绿，每层上盖有紫色或蓝色不透光塑料膜。包装好的芽球菊苣在 3～4 ℃条件下可存放 15 d。

171. 芽球采收后如何利用肉质根进行侧芽球菜生产？

侧芽（芽球仔）的生产。芽球采收完后，整箱送回栽培架，继续管理，使侧芽生长。管理方法与芽球生产相同。侧芽长至 12～15 cm 时即可采收。

172. 什么是芽球菊苣保护地沙质栽培法软化？

在保护地中，搭建悬空栽培槽，以纯净河砂为基质，将肉质直根栽植在槽内，通过黑色薄膜遮光，使其在黑暗的条件下生出芽球的方法。

173. 基质软化芽球法如何建造栽培床?

搭建悬空离地栽培槽:首先制作与地面隔离的悬空离地栽培槽,用砖搭建距离地面高 20 cm、宽 140 cm 的栽培槽床,用石棉瓦做床底,床边缘用砖砌边。床底填充基质河沙,厚约 3 cm,槽底地面设排水沟,汇集床面渗水。准备洁净粗粒河沙。

174. 基质软化芽球法如何布根?

(1)根株处理。将根株上部削成尖塔状,留好顶芽,然后剪去下部根尖,最适长度为 20 cm。根据种根大小分级栽培,根头径粗 4 cm 以上为一级,根头径粗 3~4 cm 为二级,根头径粗 3 cm 以下为三级。

(2)排摆肉质根。将肉质根竖直摆排放到栽培槽内,边摆根,边填洁净河沙,要求根头部应在一个水平面上,摆排之后,用洁净河沙填充根与根之间的间隙。覆盖沙子的量以露出根头部生长点为度。

175. 基质软化芽球法如何管理和采收?

(1)覆盖。栽培槽内摆完根株后浇足水,要求浇水，直至床底滴水，然后覆盖草帘，其上用黑色塑料薄膜盖好，不露任何光线，栽培槽温度保持10～15 ℃。

（2）水分管理。芽球还没抽出时揭开薄膜和草帘，直接向上喷水，直至床底有水渗出，芽球萌发后，揭开薄膜，向草帘上喷水并及时通风。

（3）采收与贮藏。形成产品需20～25 d，待菊苣芽球长到高 10～15 cm（重 80～150 g）时即可采收。收获时一手用小刀在根颈部与芽球交接处轻轻切割，另一手捏住芽球轻轻向另一侧推压。应注意下刀切割部位不要过高，否则芽球就会散叶。将采下的芽球去除外叶、杂质，然后装箱。芽球收获后，将种根继续培养，即可形成侧芽，一般每个重10～12 g 即可采收。菊苣芽球较耐储藏，以不冻为原则，在黑暗冷凉处 1～5 ℃条件下贮藏，可存放30 d 左右。冷库可贮藏 6 个月。

176. 有机番茄生产如何选择品种和种子？怎样进行浸种和催芽？

（1）品种选择。选择抗病、优质、高产、耐贮运、商品性好、适合市场需求的品种。冬春栽培、早春栽培、春提早栽培选择耐低温弱光、对病害多抗的品种；秋冬栽培、秋延后栽培选择高抗病毒病、耐热的品种；长季节栽培选择高抗、多抗病害，抗逆性好，连续结果能力强的品种。

（2）育苗。

① 种子选择。根据种植季节和方式，选择有机种子，只有在得不到经认证的有机种子的情况下，使用未禁用物质处理的常规种子。杜绝使用转基因作物品种。

② 温水烫种。用清水洗净种子。把种子放入 52 ℃热水，维持水温均匀浸泡 30 min，主要防治叶霉病、溃疡病、早疫病等。以后放入30 ℃的温水中浸泡 6～8 h。

③ 催芽。浸泡后将洗净的种子，晾去表面水分，用干净的湿布包好，放在 25～30 ℃处进行催芽 24～48 h，种芽长达 2 mm 左右，播种。

177. 有机番茄生产如何播种？怎样分苗和炼苗？

（1）育苗设施。根据季节不同选用温室、大棚、阳畦、温床等育苗设施，夏秋季育苗应配有防虫网及遮阳网等条件。

（2）播种时间。根据栽培季节、育苗手段和壮苗指标选择适宜的播种期。依据生产计划，一般提前 120～150 d 播种。

（3）营养土配制。按草炭∶蛭石 3∶1 的比例配制，每方营养土中加生物有机肥 10 kg，将催好芽的种子点入装满营养土的穴盘（72 孔），每穴一粒，上覆 1.5 cm 厚营养土，浇透水，放入苗床。

（4）播种量。据种子大小及定植密度，每667 m² 栽培面积用种量20～30 g，1 m² 播种床播种量10～15 g。

（5）播种方法。先将整平的育苗畦内浇足底水（最好是前一天下午浇）约10 cm 深，完全渗下后撒一层过筛的细潮土作为翻身土，然后播种。注意播均匀，播后盖一层1 cm 厚的细潮土。当幼苗顶土（拉弓）时，撒一层过筛湿细土，防止种子冒出土。

（6）环境控制。温度：夏秋育苗主要靠遮阳降温。光照：冬春育苗采用反光幕等增光措施；夏秋育苗适当遮光降温。水分：分苗水要浇足。以后视育苗季节和墒情适当浇水。

（7）分苗。幼苗2叶1心时，分苗于育苗容器中，摆入苗床。分苗一周后浇缓苗水。在秧苗3～4叶时，可结合苗情追沼液等提苗肥。

（8）炼苗。早春育苗白天15～20 ℃，夜间5～10 ℃。秋育苗逐渐撤去遮阳网，适当控制水分。

178. 有机番茄育苗时壮苗的标准是什么?

早熟品种6～7片叶，叶面积150～200 cm²，株高15～18 cm；中熟种8～9片叶，叶面积200～230 cm²，株高18～24 cm，茎粗0.5～0.6 cm，节间短，叶片为手掌形，叶柄短粗。倒三角株形为徒长苗,正方株形为老化苗。

179. 有机番茄生产如何定植?

(1) 整地施肥。每 667 m² 施优质农家肥 3 000 kg 以上,但最高不超过 5 000 kg;根据生育期长短和土壤肥力状况调整施肥量。基肥以撒施为主,深翻 25～30 cm。按照当地种植习惯做畦。

(2) 棚室消毒。栽培前按每 100 m² 用硫黄粉 250 g 的剂量加 500 g 锯末,拌匀分放几处,点燃后熏闷一夜,散晾 1 d 以上移栽。

(3) 定植时间。在 10 cm 深耕作层土温稳定通过 10 ℃后定植。

(4) 定植与密度。根据品种特性和栽培条件确定适宜的密度,温室大行距 70 cm、小行距 60 cm,株距 35 cm,亩定植 2 800～3 000株。

180. 日光温室有机番茄生产如何进行温度调控?

(1) 温度。

① 缓苗期。白天 25～28 ℃,晚上不低于 15 ℃。

② 栽培初期。上午 17～32 ℃;下午 22～26 ℃;夜温 20～24 ℃。

③ 开花坐果期。上午 26～28 ℃;下午 24 ℃

左右；夜温 20 ℃以下。

④ 结果期。上午 25～27 ℃；下午 22 ℃左右；夜温 15 ℃左右。

⑤ 成熟期。日温 27～22 ℃；夜温高于 10 ℃。

（2）光照。冬春季节保持膜面清洁，白天揭开保温覆盖物，日光温室后部张挂反光幕，尽量增加光照强度和时间。夏、秋季节适当遮阳降温。

（3）湿度。根据番茄不同生育阶段对湿度的要求和控制病害的需要，最佳空气相对湿度的调控指标是缓苗期80%～90%、开花坐果期60%～70%、结果期50%～60%。

（4）气体。增施 CO_2 气肥，使设施内的浓度达到 1 000～1 500 mg/kg。

181. 有机番茄怎样进行植株调整？

（1）插架或吊蔓。用尼龙绳吊蔓或用细竹竿插架。

（2）整枝。番茄主要有单干整枝、双干整枝等多种方法。单干，留 5 穗花打顶，在 3 穗果坐住后，留 1 个下方侧枝继续结果。全部植株总结果 7～8 穗。每穗留 4 个左右果形正常、均匀的果实。

（3）摘心、打底叶。当最上目标果穗开花时，留 2 片叶掐心，保留其上的侧枝。第 1 穗果绿熟期后，摘除其下全部叶片，及时摘除枯黄有病斑的叶子和老叶。

(4) 疏果保果。冬季最低温度高于 15 ℃，保证顺利坐果。疏果：大果型品种每穗选留 3～4 果；中果型品种每穗留 4～6 果。若植株较弱可适当减少，用熊蜂为日光温室有机番茄花期授粉。

182. 有机蔬菜生产如何防治病虫害？

(1) 农业防治。

① 抗病品种。针对当地主要病虫控制对象，选用高抗、多抗的品种。

② 创造适宜的生育环境条件。培育适龄壮苗，提高抗逆性；控制好温度和空气湿度，适宜的肥水，充足的光照和 CO_2，通过放风和辅助加温，调节不同生育时期的适宜温度，避免低温和高温障害；深沟高畦，严防积水，清洁田园，做到有利于植株生长发育，避免侵染性病害发生。

③ 耕作改制。实行严格轮作制度，与非茄科作物轮作 3 年以上。

④ 设施防护。设施的放风口用防虫网封闭，夏季覆盖塑料薄膜、防虫网和遮阳网，进行避雨、遮阳，减轻病虫害的发生。

(2) 物理防治。大型温室内运用黄板诱杀蚜虫。田间悬挂黄色粘虫板或黄色板条；中小棚覆盖银灰色地膜驱避蚜虫。

（3）化学防治。选择有机蔬菜许可的药剂。

183. 有机茄子生产如何选择品种和育苗？

按本地区地理环境、积温、生育期的条件，因地制宜选择生育期适宜的品种。应选用优质、丰产、抗性强、商品性好的品种，选择园杂2号、丰研2号、京茄10号等。

选择种子需根据种植季节和方式选择有机种子，只有在得不到经认证的有机种子的情况下，使用未禁用物质处理的常规种子，杜绝使用转基因品种。

（1）苗床准备。

① 大棚、遮阳网、无纺布等育苗设施。夏秋季节育苗，应用塑料膜、遮阳网等防雨降温，有条件的可安置喷雾降温设备。冬春季，应用塑料膜、无纺布等多层覆盖，防雨保温，有条件的可采用地加温设备保温。

② 营养土。草炭、有机肥（OFDC认证的）、珍珠岩等按4∶3∶0.5的比例配制营养土，用薄膜密封，堆制2～3个月，高温杀菌。

（2）育苗床。将配制好的营养土均匀铺在育苗床上，厚度为10 cm左右。

（3）播种期。一般情况下大棚栽培，在10月下旬播种，露地栽培，2月下旬播种。

（4）播种量。5 g/m² 左右。

（5）播种方法。

① 播种前，首先应对种子进行选择，剔除霉籽、瘪籽、虫籽等。

② 温水烫种。配制 55 ℃的 0.1％高锰酸钾溶液，浸种 15 min，然后用清水洗净种子，放入 30 ℃的温水中浸泡 24 h。

③ 催芽。浸种后将洗冷的种子，晾去表面水分，用干净的湿布包好，在 25～30 ℃的条件下经 5～7 d 可出芽。并将育苗床浇足底水，将种子均匀撒播在苗床上，然后，覆盖营养土1 cm左右，轻轻压平。夏秋播种育苗床使用遮阳网多层覆盖，冬春播种育苗床使用地膜、拱膜、无纺布等多层覆盖。

（6）分苗床。将配制好的营养土装入营养钵或穴盘。

184. 有机茄子的苗期怎样管理？

（1）温、湿度控制。冬春播种，地温应控制在 25～28 ℃，70％幼苗顶土时，晴天中午可适当揭除部分覆盖物，通风并充分光照，棚内相对湿度控制在 60％～70％。夏秋播种，棚内温度尽量控制在 25～28 ℃，棚内相对湿度控制在 60％～70％。播种后 25～30 d 达到 2 叶 1 心时，及时分苗至营养钵或穴盘。冬春季，应用小拱膜、无纺布等多层覆盖，并使用地加温设备。夏秋季，应用遮阳网等覆盖，防雨降温，有条件地使用喷雾降温设备。

（2）病虫害防治。病害防治主要通过温、湿度调控防治。虫害防治使用 Bt 可湿性粉剂 150 倍液喷雾防治。3～5 d 防治一次。

（3）炼苗。播种后 55～60 d 达到 4 叶 1 心至 5 叶 1 心时，可定植，定植前 3～5 d，适当通风降低棚内温、湿度，控制水分，进行炼苗，定植前一天浇足水。一般苗龄 40～55 d。

185. 日光温室有机茄子生产如何定植？定植后怎样管理？

（1）整地施肥。每亩施腐熟有机肥 4 000～6 000 kg，钙镁磷肥 20 kg，硫酸钾 15 kg。

（2）定植与密度。根据品种特性和栽培条件确定适宜的密度，温室大行距 80 cm，小行距 70 cm，株距 50 cm。亩定植 2 000 株。定植时浇足定植水，密闭温室提高地温，白天温度 25～30 ℃，夜间 18～20 ℃，缓苗后，昼夜温度降低 5 ℃，加大通风。

（3）采收前管理。缓苗后 10 d 左右，每 667 m² 穴施腐熟有机肥 500 kg，并浇小水。然后松土促根控秧。白天温度 22～27 ℃，夜间 13～18 ℃。株高 50 cm 时吊绳、盘头、疏枝节、打杈。

（4）收获期管理。收获期白天温度 25～30 ℃，夜间温度 15～20 ℃，加强通风换气。门茄收获后，冬季每隔 5～7 d 浇清水 1 次，夏季每隔 3～4 d 浇清水 1 次。每隔 10～15 d 施硫酸钾 3～5 kg。叶面喷符合含氨基酸叶面肥料（GB/T 17419—1988）和含微量元素叶面肥料（GB/T 17420—1998）技术要求的叶面肥。

186. 有机韭菜生产怎样选择品种和育苗？

（1）品种选择。选择抗病虫、抗寒、发棵早、分株力强、株型好的品种，如独根红。

（2）播种育苗。

① 用种量。一般每亩播种量为 4～5 kg。

② 种子处理及催芽。催芽时用 40 ℃温水浸种 12 h，除去秕籽和杂质，将种子上的黏液洗净后用湿布包好放在 16～20 ℃的条件下催芽，每天用清水冲洗 1～2 次，60% 种子露白尖即可播种。

③ 整地施肥。育苗床宜选择排灌条件较好且富含有机质的肥沃土壤。播种前需施优质农家肥 6 000～8 000 kg，耕后细耙，整平做畦。

④ 播种。将催芽种子混 2～3 倍沙子撒在沟、畦内，每 667 m² 播种子 4～5 kg，上覆过筛细土 1～2 cm。播种后立即覆盖地膜或秸秆至 70% 幼苗顶土时撤除床面覆盖物。

⑤ 苗期管理。

a. 浇水。播后立即浇 1 次透水，隔 4～5 d 浇第2次水，出苗前保持土壤湿润，一般15～20 d可出苗。韭菜出苗后，开始7～8 d浇1次水，保持表土潮湿，防止干旱"吊死苗"，并撒施草木灰，以防止苗期病虫害。苗期水分应轻浇和适当勤浇。苗高15～20 cm时，适当促根，见干见湿，防止幼苗细弱而引起倒伏烂秧。

b. 中耕除草。出苗后15～20 d中耕除草1次，中耕时前浅后深，避免伤根。

⑥ 苗龄。韭菜移栽苗龄一般在75 d左右，早栽可以延长韭菜根培育时间，培育出壮根，秋季即可收割或用于冬季保护地栽培。

187. 有机生菜生产怎样定植？

（1）整地施肥。定植前结合土壤翻耕施入基肥，每亩施入腐熟农家肥5 000～7 500 kg。土肥混合后整地做畦，畦长8～10 m、宽1.5～1.6 m，在畦内分行定植，行距15～20 cm、穴距10～15 cm；沟栽的按照行距30～40 cm、穴距15～20 cm，开沟定植。

（2）定植时间。春播苗，应在6月下旬定植；夏播苗，应在8月下旬定植，以躲过高温多雨的7～8月；秋播苗，应在来年清明前后定植。定植时期要错开高温高湿季节。

（3）定植方法。将韭菜苗起出，剪去须根前端，留2～3 cm，以促进新根发育，再将叶子前端剪去一段,以减少叶面蒸发,维持根系吸收与叶面蒸发的平衡。在畦内按行距 18~20 cm,穴距10 cm,每穴栽苗 8~10 株;或按行距 30~36 cm开沟,沟深 16~20 cm,穴距 16 cm,每穴栽苗20~25 株,栽培深度以不埋住分蘖节为宜。栽后封土,覆土深度以叶鞘露出地面 2~3 cm 为宜,以后随着植株生长和根系上移逐渐封土,可防止根系外露,延长种植年限。

188. 日光温室有机韭菜生产定植当年怎样管理?

(1) 养根壮秧。定植后土壤见干见湿,结合浇水每 666.7 m² 施腐熟粪肥 800 kg。扣膜前,清扫地面上的枯叶杂草,搂平畦面,整理畦埂,初霜前扣膜。

(2) 扣膜后温、湿度管理。棚室密闭后,保持白天 20~24 ℃,夜里 12~14 ℃。株高 10 cm 以上时,保持白天 16~20 ℃,超过 24 ℃放风降温排湿,相对湿度 60%~70%,夜间 8~12 ℃。以后随着外温下降,夜间加盖草苫、纸被,并早盖晚揭,加强保温性能。

(3) 水肥管理。扣膜后一般不浇水,以免降低地温,或湿度过大引起病害,当苗高 8~10 cm时浇 1 次水,结合浇水每亩追施草木灰8~9 kg,叶面喷施光合菌肥 100 倍液。前茬收获后,要松土,晾晒鳞茎，当韭菜长到10 cm时，逐步加大放风量，结合浇水追肥，每亩施腐熟粪肥2 000 kg，并顺韭菜沟培土2～3 cm高。

189. 日光温室有机韭菜生产第二年怎样管理？

（1）整地。春季温度逐渐回升，韭菜返青后应及早清除地上部枯叶杂草，搂平畦面，促进萌芽。

（2）浇水施肥。苗高15 cm左右再浇1次水，浇水时间和浇水量的大小要根据当时天气和土壤墒情而定。土壤墒情好时，可在收第一刀后再浇水。

（3）中耕松土。当土壤解冻发出新芽时，可追1次粪稀水，促嫩芽新生。3～4 d后中耕松土1次，将越冬覆盖的粪土等翻入土中。

（4）追肥。一般萌芽后30～35 d可收获第一茬韭菜。收割后都要追肥1～2次。追肥应在收割后3～4 d进行，待收割的伤口愈合、新叶长出时施入，收割后立即追肥易造成肥害。追肥应以腐熟有机肥或者沼液为主，每亩施腐熟粪肥2 000 kg，可开沟或随水施入，粪稀水必须充分腐烂，以防蛆害。

190. 有机韭菜如何防治病虫害？

韭菜害虫主要有韭蛆、斑潜蝇、蓟马；病害主要是灰霉病、疫病。

（1）设置防虫网。露地栽培和保护地栽培可设置防虫网，防止韭蛆成虫、斑潜蝇侵入危害，防虫网密度40～60目。露地栽培时可实行防虫网全方位覆盖。扣膜之后，在通风口处设置防虫网，同时通风口外侧地面处铺设无纺布，以防止蓟马通过防虫网侵入棚内危害。

（2）糖酒液诱杀。将盛有诱杀液（糖、醋、酒、水＝3∶3∶1∶10）的盆子固定在距地面约1 m的高度，离盆口30 cm的正上方点盏30 W灯泡。天黑前开灯，每天开灯2 h。每亩韭菜地放2～3盆。每2～3 d换1次诱杀液。

（3）挂粘虫板、杀虫灯。每20 m² 面积放一个粘虫黄板，诱杀潜叶蝇、蓟马成虫，设置高度55～75 cm；利用韭蛆成虫对蓝紫光有趋光性，可悬挂杀虫灯诱杀。应用土壤电处理技术防治韭蛆。

（4）保护地放风降湿防灰霉。以下午放风2 h、早晨放风半小时最好。放风时面积不要过大，一般掌握大棚面积的1/12～1/10。通风量要根据韭菜长势，刚割过或外界温度低时通风量要小或早上放风时间推迟，棚温以25～28 ℃，相对湿度60％～70％为宜。

（5）清洁田园。及时摘去并清除病叶、病株，带出田外，防止病菌蔓延。

（6）冬季及时通风降湿，防止灰霉病发生。通风量根据韭菜长势而定，刚割过的韭菜或棚外温度低时，通风要小，严防扫地风。

（7）早春刚开始生长时或秋季临近盖膜时，选择温暖天气，扒开韭墩表层土，露出"韭胡"，晾晒 5～7 d，可杀死部分韭蛆。

191. 种植有机大白菜整地时如何施肥？

禁止使用化学肥料，施用有机粪肥和经过有机认证机构认可的生物有机肥料，既可满足蔬菜生长发育的需要，又可使蔬菜保持原有的风味，还可降低投入，改良土壤环境，培肥地力。施足底肥，农家粪肥要经过高温 50～60 ℃堆制 5～7 d，以充分腐熟杀死病虫卵及杂草种子。农作物的秸秆通过沼气池发酵余下的渣子也可以作底肥。有机肥使用时要保证用量充足，否则由于有机肥本身氮、磷、钾含量低，加之用量少，有机蔬菜不可避免的会出现缺肥症状。一般每 667 m^2 施进行过腐熟的粪肥 4 000～5 000 kg，生物有机肥 100～150 kg，在整地时，均匀混入土壤中。追肥时每 667 m^2 每次追施 50 kg。

192. 种植有机大白菜如何育苗？

（1）种子消毒。温汤浸种：用 50～55 ℃水浸种 25 min，搅拌降温至 30 ℃，再浸泡 2～3 h，待种子充分吸足水分后，捞出晾干后播种；也可用 0.1%～0.3%的高锰酸钾浸泡 2 h，用清水漂洗晾干后播种。

（2）育苗方式。根据栽培季节的不同，大白菜一般采用育苗和直播 2 种方式。秋茬多采用直播方式，可减少定植时的根部损伤和防止软腐病菌侵入。采用育苗方法时，栽植 667 m^2 大白菜约需苗床 30～35 m^2，依品种不同每 667 m^2 栽植株数也不同。

（3）做畦方式。大白菜栽培用平畦或高畦，如果水利条件好，最好采用高畦。高畦最主要的优越性是有利于排水，利于通风，便于中耕，以减少白菜软腐病和霜霉病的发生。

（4）播种时间。大白菜生长最适宜的温度是 15～18 ℃，秋季在立秋前后播种最适宜，播种深度为 0.6～1 cm，播种量为 100～150 g，可采用条播或穴播 2 种方法。

（5）苗期管理。

① 温度管理。大白菜幼芽出土后，最忌强烈日晒，土表温度过高。可在沟底浇小水补充水分降温或遮阳降温，避免高温干燥，防止蚜虫繁殖，从而防止病毒病。

② 定植。早间苗，晚定苗，适时蹲苗。一般 5～6 片真叶时定植，株行距为（40～50)cm×(60～70)cm，合理密植，提高单株产量，是大白菜增产的关键之一。

193. 种植有机大白菜时各生长期的水肥管理措施是什么?

(1) 发芽期。此期对土壤中的养分需求较少,但水分供应必须充足。实行小水勤浇,施少量生物有机肥,可追施饼肥(已先发酵好),防止烧根。并应严格防止黄条跳甲危害。

(2) 幼苗期。此期应适时间苗、中耕,结合灌水施提苗肥,一般施腐熟的稀薄的粪肥。保证苗壮,提高抗病力,并应严格防止菜螟,早治蚜虫,防止传播病毒。霜霉病也常在幼苗期发生,感染霜霉病的植株,到了莲座期和结球期又容易发生软腐病,所以促进健壮幼苗生长是十分重要的。

(3) 莲座期。在团棵时追施生物有机肥或追施粪肥为"发棵肥",结合用沼气液 100~200 倍液进行叶面追肥。加强灌溉,保证莲座叶迅速而健壮生长,提高光合作用,促进球叶分化和包心。并应及时采取措施,防止病虫害发生,尤应注意地面湿度,控制霜霉病的发生和蔓延。

(4) 结球期。补充施肥,土壤中每 667 m² 追施粪干 1 000~1 500 kg,混施生物有机肥 50 kg,同时叶面喷施沼气液肥料,每周 1 次,连续 3~4 次。适当加大浇水量,以促进叶球的生长和充实。叶球生长坚实后,应停止浇水,防止因水过多,使叶球分裂,引起腐烂,降低产品质量和产量。此期

是软腐病发生的严重时期，需严格治虫，防止虫伤
和避免操作机械损伤，以免病菌侵入伤口。

194. 有机大白菜种植时如何中耕除草？

一般中耕除草3次，由人工完成，严禁使用化
学除草剂。第1次在幼苗有5～6片叶子时经匀苗
后，这时苗根群浅，宜浅锄深约3 cm，以划破土
面，造成松细土表和铲除杂草为度。第2次在定苗
后，深度5～6 cm，促使根系向深处发展。第3次
在莲座叶覆满地面以前再浅锄除草，深3 cm，封
垄以后杂草不再发生而且土面蒸发量小，不需再中
耕。在有机蔬菜生产中，强调中耕除草，清洁田
园，以消除病虫残体。

195. 种植有机大白菜如何控制病害？

（1）病毒病防治。选择抗病品种并进行种子消
毒（用0.1%高锰酸钾）；农业防治要加强田间管
理，避免发芽期高温影响，苗床育苗采用遮阳降温
或套种，幼苗期及时拔除病苗，合理的浇水降地温
也可减少病毒病；及时防治蚜虫，因为蚜虫传播病
毒；药物防治时用1：0.5：（160～200）波尔多液
喷洒中心病株；0.1%的高锰酸钾加0.3%木醋液
防治。

（2）软腐病防治。加强田间管理，注意轮作，适当稀植，高畦深沟；合理施肥，合理浇水，结球期防止大水漫灌，畦面水分过多，助长软腐病的发生；直播可防软腐病。防治黄条跳甲、菜螟、菜青虫和一些地下害虫，发现田间病株及早拔除并用适量的石灰或1：0.5：（160～200）波尔多液喷洒中心病株消毒；可用农用链霉素药液防治。

（3）霜霉病防治。选择抗病品种并用0.1%～0.3%高锰酸钾对种子进行消毒；实行2年以上轮作，前茬收获后及时清除病叶，深翻土层，达到防病目的。合理密植，早间苗，晚定苗，适期蹲苗，及时拔除病苗。浇水时防止大水漫灌；药物防治：用1：1：（160～200）波尔多液喷洒中心病株；或用0.1%的高锰酸钾加0.3%水醋液防治；0.3%苦参碱植物杀菌剂1 500～2 000倍液防治。

196. 种植有机大白菜如何控制虫害？

提倡通过释放寄生性、捕食性天敌（如赤眼蜂、瓢虫等）来防治虫害；允许使用植物性杀虫剂或当地生长的植物提取剂（比如大蒜、薄荷、鱼腥草的提取液）等防治虫害；可以在诱捕器和散发器皿中使用性诱剂（如糖醋诱虫），允许使用视觉性（如黄粘板）和物理性捕虫设施（如防虫网）防治虫害，目前利用一定孔径的防虫网阻隔害虫入侵是比较好的方法；可以有限制地使用鱼藤酮、植物源除虫菊酯、乳化植物油和硅藻土来杀虫；允许有限制地使用微生物及其制剂，如杀螟杆菌、Bt 制剂等。

（1）蚜虫防治。采用保护天敌，如瓢虫、赤眼蜂等可杀蚜虫；挂黄板或黄皿诱杀或用银灰膜驱避；喷洒 0.3％百草 1 号植物杀虫剂 1 000～1 500 倍液或 0.3％苦参碱植物杀虫剂 1 500～2 000 倍液防治；用烟草水杀虫 0.5 kg 烟草＋石灰 0.5 kg＋水 20～25 kg 密闭，浸泡 24 h，叶面喷雾。

（2）菜青虫防治。利用天敌如：赤眼蜂杀灭；用性诱剂诱杀；用大蒜汁液叶面喷雾；用 0.3％苦参碱植物杀虫剂 1 500～2 000 倍液防治；植物源除虫菊酯药液防治。

（3）黄条跳甲防治。播种前深耕晒土，改变其幼虫在地里的环境条件，不利其生活，且兼有灭蛹作用；加强田间检查，如发现有虫，即用烟草粉 0.5 kg 加草木灰 1.5 kg 均匀后，清晨撒于叶面；用 0.3％苦参碱植物杀虫剂 1 500～2 000 倍液防治。

197. 种植有机大白菜为什么要束叶？怎样进行？

为了防止叶球遭受霜冻，在收获前都要进行束叶。一般用稻草，在离球顶 3～5 cm 处把外叶捆起，这样既可防冻，又便于收获。但是束叶不能过早，以免影响光合作用，妨碍大白菜的正常生长。

198. 有机香菜如何种植?

(1) 选地与整地施肥。选择 5 年以上未种过香菜的壤土地,切不可重茬。每 667 m² 施入 3 000～5 000 kg 熟的农家肥,做畦,一般畦宽 1 m。

(2) 播种。种子为半球形,外包着一层果皮。播前先把种子搓开,以防发芽慢和出双苗,影响单株生长。适宜播种期是在 8 月中旬,条播行距10～15 cm,开沟深 5 cm;撒播开沟深 4 cm。条播、撒播均覆土 2～3 cm。100 m² 用种量 0.6～0.65 kg。播后用脚踩一遍,然后浇水,保持土壤湿润。

(3) 早疏苗并适时定苗。当幼苗长到 3 cm 左右时进行间苗定苗。一般整个生长期耕、松土、除草 2～3 次。第 1 次多在幼苗顶土时、用轻型手扒锄或小耙进行轻度破土皮松土,消除板结层。第 2 次在苗高 2～3 cm 时进行,第 3 次是在苗高 5～7 cm时进行。

(4) 追肥与浇水。定苗前一般不浇水,以利控上促下,蹲苗壮根。定苗后及时浇 1 次稳苗水,全生育期浇水 5～7 次。头三水,间隔 10 d 左右浇 1次,从四水起间隔 6～7 d。经常保持土壤湿润,收获前要控制浇水。

(5) 收获。香菜在高温时,播后 30 d 可收获,而在低温时,播种后 40～60 d 可收获,香菜长到23 cm 高时应及时收获。

199. 有机辣椒种植中怎样育苗?

(1) 种子消毒与催芽。晒种后,用 50～55 ℃温水浸种 15～20 min,再用浓度为 0.5%的高锰酸钾溶液浸 5 min 取出,用清水冲洗干净并用纱布包好,再用干净的湿毛巾包上,放在25～30 ℃处催芽,每天检查并用温水淋洗,过 3～5 d 胚根露出种皮,即可播种。

(2) 营养土配制及床土消毒。用充分腐熟鸡粪40%和肥沃疏松园土 60%经充分摊晒日光消毒,过筛后掺均匀。每立方米营养土中,再加 10%草木灰。播种床耙平踏实后,均匀铺 3～4 cm厚营养土;苗床先经深翻,浇水后覆盖地膜、上扣苗棚闭棚升温 7～10 d,撤去地膜,再铺床土育苗。

(3) 播种和育苗。播种要求做到床土平,底水足,覆盖好。床土整平以后,底水一定浇足,出苗前不补充浇水。底水应达到 10 cm 深床土饱和。撒种要均匀,每平方米苗床播种18～22 g (以干种计算),撒完种过 10～20 min 再覆土,厚度为 0.7～1 cm,覆土后盖不含氯的地膜保墒,保持高温高湿的环境。

(4) 苗期管理。

① 幼苗期管理。

a. 温度。辣椒播后白天气温保持在 25～30 ℃。80%出苗后即可揭膜降温,创造光照充足、地温适宜、气温稍低、湿度较小的环境,白天23～

25 ℃，夜间 15～17 ℃。子叶展开到第 1 片真叶露尖，将温度控制在白天 18～20 ℃，夜间 10～15 ℃。第 1 片真叶出来后保持白天 25 ℃左右，夜间 17～20 ℃。移苗前 4～6 d 降温炼苗，逐渐降到白天 18～20 ℃，夜间 13～15 ℃。

b. 水分。齐苗后浇齐苗水保湿，在播种水浇足的情况下，移植前一般不浇水，秧苗缺水时选择晴天少量浇水，浇水后应保湿，保持床土不干燥，同时防止空气湿度过大；移植前一天可轻浇 1 次水，以利起苗。

② 成苗期管理。

a. 温度。缓苗期：分苗后提高温度，在水分充足、温度适宜条件下促进缓苗。白天保持 25～30 ℃，夜间 20 ℃。旺盛生长期：白天气温 25～27 ℃；夜间气温 17～18 ℃。炼苗期：定植前 1 周左右进行低温炼苗，揭去所有覆盖，使辣椒苗在露地条件下生长。

b. 水肥。移苗后在新根长出前不要浇水，新叶开始生长后可根据幼苗长势，土壤墒情，适当用喷壶浇水。定植前 15～20 d 结合浇水用纯沼液兑水 3 倍喷施。

200. 有机辣椒生产中如何管理？

(1) 整地施肥和定植。

① 整地施肥覆膜。定植前 15～20 d，选择非

茄科作物茬口的地块，翻耕晒土；整地、做畦和覆地膜要求仔细、平整，畦沟深度 20～25 cm。肥料使用应符合 GB/T 19630 的要求，亩施优质有机肥 5 000 kg、饼肥 300 kg、磷肥 50 kg、钾肥 20 kg。然后深耕起 70～100 cm 宽的高畦，畦上覆盖无氯地膜，架设大棚、防虫网闭棚升温 7 d 左右，进行病原菌杀灭。大棚膜、防虫网选用不含氯材料。

② 定植。大棚定植选择 2 月上中旬地温稳定在 7～8 ℃时定植；露地地膜覆盖栽培在 3 月底、4 月初地温稳定在 15～17 ℃时定植。定植选在晴天中午进行，高温季节选在下午进行。定植密度在畦上定植双行，株距 25 cm。定植时使辣椒两排侧根与畦沟垂直。

（2）定植后管理。定植后浇足定植水，门椒坐住之前不浇水，浇水也是在植株出现萎蔫、需补充水分时，选择晴天浇小水。门椒坐住以后，开始小水勤浇，保证辣椒生长发育的需求。根据天气确定浇水时间，气温低时选择在上午进行，高温时选择早晨进行；进入盛果期加大浇水量，防止大水漫灌，雨前挖好排水沟，防止大雨造成土壤积水。露地栽培雨后及时扶苗，用清水洗去植株上污泥。进入盛期结合浇水进行追肥，亩顺水追施水量 1/3 的沼液或腐熟饼肥 50 kg，每 7～10 d 浇 1 次水，隔 1 水追 1 次肥。

定植后每隔 10 d 喷 1 次沼液 3 倍稀释液兑 1% 白糖，进行叶面追肥，增加植株碳水化合物含量；

初花期利用蜜蜂传粉或用手持振荡器辅助授粉，门椒坐住后及时打掉门椒以下侧枝，生长期及时摘除病叶、老叶，适当疏剪过密枝条。

201. 怎样生产有机人参果？

（1）品种选择。选择适应性广、抗病、抗逆性强的优良品种，如：史密斯、改良园等。

（2）育苗。

① 种子选择（也可扦插育苗）。根据种植季节和方式，选择有机种子，只有在得不到经认证的有机种子的情况下，使用未禁用物质处理的常规种子，杜绝使用转基因作物品种。

② 温水烫种。配制 55 ℃的 0.1％的高锰酸钾溶液，浸种 15 min，然后用清水洗净种子，放入30 ℃的温水中浸泡 24 h。

③ 催芽。烫种后将洗净的种子，晾去表面水分，用干净的湿布包好，在 25～30 ℃的条件下经5～7 d 出芽。

④ 播种。营养土按草炭：蛭石 3：1 的比例配制，每立方米营养土中加腐熟鸡粪 10 kg，将催好芽的种子点入装满营养土的穴盘（50 孔），每穴 1粒，上覆 1.5 cm 厚营养土，浇透水，放入苗。

⑤ 苗期管理。出苗前保持温度白天 25～30 ℃，夜间 17～20 ℃，出苗后降低 3～5 ℃。根据湿度及时浇水。防病用 50％加瑞农（春雷霉素）

1 000 倍液喷雾，防虫可用 5% 天然除虫菊酯
1 000～1 500 倍液喷雾。2 叶 1 心时可用双和天然
植物生长调节剂 500 倍液喷施叶面。定植前降温炼
苗。一般苗龄 40～50 d。

（3）定植。

① 整地施肥。每亩施腐熟牛粪 4 000～
6 000 kg，钙镁磷肥 20 kg，硫酸钾 15 kg。

② 定植与密度。依据品种特性和栽培条件确
定适宜的密度，温室大行距 70 cm、小行距 60 cm，
株距 40 cm，亩定植 2 500 株。定植时浇足定植水，
密闭温室提高地温，白天温度 25～30 ℃，夜间
18～20 ℃，缓苗后，昼夜温度降低 5 ℃，加大
通风。

（4）田间管理。

① 采收前管理。缓苗后 10 d 左右，每亩穴施
鸡粪 100 kg，并浇小水。然后松土促根控秧。白天
温度 22～27 ℃，夜间 13～18 ℃。株高 10～15 cm
时吊绳、盘头、打须、打杈。

② 收获期管理。温度白天 22～28 ℃，夜间
15～20 ℃，加强通风换气。第一穗果收获后，冬
季每隔 5～7 d 浇清水 1 次，夏季每隔 3～4 d 浇清
水 1 次。如果是有机生态型无土栽培每隔 1～2 d 浇
水 1 次。每隔 10～15 d，每亩用 100 kg 鸡粪加
200 kg 水浸泡 2 d 后的过滤液滴灌 1 次。或每亩穴
施鸡粪 100 kg，硫酸钾 3～5 kg。叶面喷符合含氨
基酸叶面肥料（GB/T 17419—1998）和含微量元

素叶面肥料（GB/T 17420—1998）技术要求的叶面肥。

（5）病虫草害管理。

① 病害。

a. 及时清洁棚室，翻地，高温闷棚杀菌消毒。

b. 采用高温 45～50 ℃闭棚 2 h 的方法，防治叶斑病、白粉病等。

c. 也可用 50％春雷氧氯铜（加瑞农）可湿性粉剂 800 倍液喷雾防治叶斑病、白粉病。

② 虫害。

a. 采用频振式杀虫灯、黄板、蓝板诱杀。

b. 安装防虫网。

c. 用 5％天然除虫菊酯 1 000～1 500 倍液或 0.6％清源宝（苦内酯水剂）800～1 000 倍液防治蚜虫、白粉虱等害虫。

③ 草害。采用作物轮作、人工拔草、锄草方法清除草害，禁止使用任何化学除草剂。

附录一
目前国内有机认证机构名单

中国质量认证中心（CQC）

方圆标志认证集团（CQM）

上海质量体系审核中心（SAC）

广东中鉴认证有限责任公司（GZCC）

浙江公信认证有限公司（GAC）

杭州万泰认证有限公司（WIT）

北京中安质环认证中心（ZAZH）

北京中绿华夏有机食品认证中心（COFCC）

中环联合（北京）认证中心有限公司（CEC）

北京陆桥质检认证中心有限公司（BQC）

杭州中农质量认证中心（OTRDC）

北京五洲恒通认证有限公司（CHTC）

辽宁方园有机食品认证有限公司（FOFCC）

黑龙江绿环有机食品认证有限公司（HLJOFCC）

北京五岳华夏管理技术中心（CHC）

大连市环境科学研究院

西北农林科技大学认证中心（YLOFCC）

南京国环有机产品认证中心（OFDC）

新疆生产建设兵团环境保护科学研究所认证中心

C：100 M：0 Y：100 K：0   C：0 M：40 Y：100 K：40

C：0 M：60 Y：100 K：0   C：0 M：60 Y：100 K：0

中国有机产品认证标志   中国有机转换产品认证标志

附录二
有机蔬菜基地允许使用的
农药种类

1. 微生物源农药。

（1）农用抗生素。

① 防治真菌病害。灭瘟素、春雷霉素、多抗霉素（多氧霉素）、井冈霉素、农抗 120、中生菌素等。

② 防治螨类。浏阳霉素、华光霉素。

（2）活体微生物农药。

① 真菌剂。蜡蚧轮枝菌等。

② 细菌剂。苏云金杆菌、蜡质芽孢杆菌等。

③ 拮抗菌剂。

④ 昆虫病原线虫。

⑤ 微孢子。

⑥ 病毒。核多角体病毒。

2. 动物源农药。昆虫信息素（或昆虫外激素）：如性信息素。

3. 植物源农药。

（1）杀虫剂。除虫菊素、鱼藤酮、烟碱、植物油等。

（2）杀菌剂。大蒜素。

（3）拒避剂。印楝素、苦楝、川楝素。

（4）增效剂。芝麻素。

4. 矿物源农药

（1）无机杀螨杀菌剂。

① 硫制剂。硫悬浮剂、可湿性硫、石硫合剂等。

② 铜制剂。硫酸铜、王铜、氢氧化铜、波尔多液等。

（2）矿物油乳剂。